U0322932

赚钱是可以培训出来的

中国财富出版社

图书在版编目（CIP）数据

人生第一堂赚钱课：赚钱是可以培训出来的／胡露馨著．—北京：中国财富出版社，2015.7

ISBN 978－7－5047－5812－5

Ⅰ.①人… Ⅱ.①胡… Ⅲ.①财务管理—通俗读物 Ⅳ.①TS976.15－49

中国版本图书馆 CIP 数据核字（2015）第168640号

策划编辑 姜莉君　**责任编辑** 姜莉君
责任印制 方朋远　**责任校对** 梁　凡　**责任发行** 邢有涛

出版发行 中国财富出版社
社　　址 北京市丰台区南四环西路188号5区20楼　**邮政编码** 100070
电　　话 010－52227568（发行部）　010－52227588转307（总编室）
010－68589540（读者服务部）　010－52227588转305（质检部）
网　　址 http：//www.cfpress.com.cn
经　　销 新华书店
印　　刷 北京京都六环印刷厂
书　　号 ISBN 978－7－5047－5812－5/TS·0088
开　　本 710mm×1000mm　1/16　**版　　次** 2015年7月第1版
印　　张 11.75　**印　　次** 2015年7月第1次印刷
字　　数 152千字　**定　　价** 32.00元

前　言

成功总是最吸引人的事情。成功带来财富，财富展示着成功。每一个成功的财富故事，其背后都隐藏着很多鲜为人知的真实细节。了解了这些细节，你就会学习到赚钱的思维与模式，发现适合自己的赚钱商机，领悟到独特的赚钱小窍门。

长期以来，人们普遍认可这样一个观点：读了大学就会掌握知识，有了知识就会带来财富。但是现在人们也发现一个极其普遍的现象：人的财富多少或者说赚钱能力强弱，与他的文化水平或者聪明程度并没有很大的相关性，甚至屡屡出现北大的学生退学去读蓝翔技校，或者清华毕业的高材生去菜市场卖猪肉的事情。

很多取得巨大成功和财富的人，他们并没有很高的知识文化水平，有的甚至小学都没毕业，但是他们通过自己的努力一样取得了令人瞩目的成绩，赚到了很多钱。赚钱是有方法的，是可以培训出来的。

本书着重介绍了如何用意识、诚信、信息、知识、人脉、经营和创业等方法和技巧赚钱的基本理论，其中涉及的实战案例既有典型性，又有一定的普遍性，更折射出某些规律性，希望对广大大读者能够有所裨益。

法国艺术大师罗丹说：“真正的艺术是忽视艺术的。”这里所说的

“忽视”，可以领会为不照搬硬套，只有匠心独运，自然迸发，才是一种最高超的技巧。同样，赚钱也是一门艺术，也是要讲究技巧的，在运用本书中的赚钱技法时，也应有罗丹所说的“忽视”。兵有兵法，但兵无常法，最重要的是要根据实际情况去灵活应用前人或他人总结出来的赚钱艺术。

本书汇集了古今中外经典的赚钱小故事，生动详尽地介绍了其中所蕴涵的智慧。读懂了一个个成功或失败的赚钱案例，学会了一种赚钱的智慧，或许你的人生就会因此而改变。

作　者
2015 年 3 月

目录
CONTENTS

第一章

学会用意识赚钱

——脑袋决定口袋

你是否有赚钱的头脑

曾经流行一时的《富爸爸穷爸爸》一书指出：之所以世界上绝大多数的人为了财富奋斗终生而不可得，其主要原因在于虽然他们都曾在各种学校中学习多年，却从未真正学习到关于金钱的知识。其结果就是他们只知道为了钱而拼命工作，从不去思索如何让钱为他们工作。

该书通过分析富人之所以成为富人、穷人之所以成为穷人的各项综合因素，认为富人和穷人的分别是源于不同的金钱观念，穷人是遵循“工作为挣钱”的思路，而富人则是主张“钱要为我工作”。富人是因为学习和掌握了财务知识，了解金钱的运动规律并为我所用，大大提高了自己的钱商；而穷人则是缺少财务知识，不懂得金钱的运动规律，没有开启自己的钱商。尽管有的人很聪明能干，接受了良好的学校教育，具有很高的专业知识水平和工作能力，但由于缺少钱商，还是成为穷人，成不了富人。

这本书在北方卖得火热，但在南方却遭到了冷落。原因就是书中一些关于钱与培养孩子钱商的观念对于北方人来说，是振聋发聩的。而对于南方人来说，是早已见怪不怪的事，而且自己早就将书中的观念实践在了赚钱过程中。

金钱教育不是单单把“爸爸妈妈赚钱很辛苦”挂在嘴边，而是要让孩子思考金钱的价值。正确的金钱教育应该帮助孩子认识到金钱来之不易，要有计划地慎重理财；金钱并不能换来你想要的所有东西，不能沉迷于金钱世界；付出才会有收获，不要有不劳而获的懒惰思想；收入是为了支付全家人的开销，任何对金钱的滥用都可能影响全家人的生活，培养孩子的责任心。

在石油大王洛克菲勒家里，每个孩子都必须通过诸如洗碗、扫地之类的劳动，挣取自己的零花钱。你是把这看成一个资本家把剥削工人那一套移植到自己孩子身上，还是看成是一个慈祥的父亲在培养继承人的财富意识和理财能力呢？

有专家为金钱教育列出了一张时间表：3 岁认识硬币和纸币、4 岁知道钱币的面值、5 岁知道硬币的等价物、6 岁可以简单地找零、7 岁会看价签、8 岁可以干零工挣钱、9 岁会制订一周的开支计划。

南京一学生王同晖曾开出 1000 万元的天价，公开叫卖他已获国家专利的小发明。1000 万元算得上是天文数字，而王同晖发明速变角锯弓的成本造价不过几百元。但王同晖称，1000 万元是他经过充分调查和论证后估算出的合理价位。因为国内目前生产锯工材料的五金厂有 1000 多家，其中锯弓产量每年在 1000 万把以上，他的专利一旦推广，市场潜力巨大。对于诸多争议，王同晖称他早有思想准备，他希望通过此举验证知识的价值。

像王同晖这样有创造力和经济头脑的学生，学校、社会应该以予以积极支持，那样就有可能在几十年之后，他就成为中国的比尔·盖茨。

用聪明赚钱有一个更加典型的例子。

第25届奥运会在西班牙巴塞罗那举行。该市一家电器商店老板在奥运会召开前宣称：“假如西班牙运动员在本届奥运会上得到的金牌总数超过10枚，那么顾客自6月3日到7月24日，凡在本商店购买电器，就都可以得到退还的全额货款。”这个消息轰动了巴塞罗那全市，甚至西班牙各地都知道了这件事。显而易见，大家此时在这家电器商店买电器，就是捉住了一次可能得到全额退款的机会。于是，人们争先恐后地到那里购买电器。一时间，顾客云集，固然店里的电器价格较贵，但商店的销售量还是猛增。

然而人们梦想的事情发生了。才到7月4日，西班牙的运动员就获得了10金1银，正好超过了该商店老板承诺的退款底线。此时距7月24日还有20天的时间。假如以前购买电器的退款已成定局，那么在后20天内购买的电器无疑也得退款，于是人们比以前更加卖力地抢购该商店的电器。

眼看老板要亏死了，但别急，老板是一位聪明人。他在发布广告之前，先去保险公司投了专项保险。保险公司的体育专家仔细分析了往届奥运会，西班牙得到的金牌数最多也没超过5枚，一致认为本届奥运会上西班牙得到的金牌不可能超过10枚，于是接受了这个保险。老板这一次可以说是赢定了。西班牙运动员在本届奥运会上得到的金牌总数超过了10枚，电器商店要退的货款，届时将全部由保险公司赔偿。

犹太人被誉为最会做生意的人，他们在孩子小的时候就会教育：要用聪明赚钱，当别人说“1+1=2”的时候，你应该想到“1+1>3”。

一天，一位犹太人父亲问儿子一磅铜的价格是多少。儿子答

35美分。父亲说："对，整个得克萨斯州都知道每磅铜的价格是35美分，但作为犹太人的儿子，应该说成是3.5美元，你试着把一磅铜做成门把看看。"20年后，父亲死了，儿子独自经营铜器店。他做过铜鼓，做过瑞士钟表上的簧片，做过奥运会的奖牌，他曾把一磅铜卖到3500美元，这时他已是麦考尔公司的董事长了。世界上所有富翁都是最会用头脑里的聪明赚钱的，就算把他变成穷光蛋，他很快又能成为富翁，即便他失去了资金，失去厂房，他还有聪明。洛克菲勒曾放言："假如把我所有的财产都抢走，并将我扔到沙漠上，只要有一支驼队经过，我很快就会富起来。"

脑白金和黄金搭档的热销，史玉柱的东山再起告诉我们，只要把脑子用活，失败了还会成功，再赚钱是不成问题的。

我们很多人用体力赚钱，不少人用技术赚钱，很少人用知识赚钱，极少人是用头脑赚钱的。在财富时代，聪明的人少之又少，既聪明又能捉住商机的人更是凤毛麟角。只要我们开动脑筋，发挥聪明才智，就可以把握机会，成为财富的主人。

树立正确的金钱观

当今社会，买东西都需要金钱。钱多钱少，可说是衡量物质水平的一个指标。不过，如何对待金钱，也是衡量一个人精神境界高低的指标。

金钱对我们来说固然重要，但对我们的影响也不容忽视。金钱若消失了，社会物质的"消费""交换"就不能正常进行，物质便失去了价值。钱是社会发展的产物，它的出现，便利了交换，促进了流通，繁荣了经济，有着不可忽视的作用。

任何人的生存都需要吃饭、穿衣、住房子，这就是“物”，而金钱是物的中介，所以人们离不开钱，也因此而产生了各种各样的金钱观。

“钱财如粪土，仁义值千金”，这是一种金钱观。持这种观点的人认为，不是什么事情都可以用金钱来代替、衡量的。如古代的弦高，他赶着12头牛去卖，路上碰见秦国偷袭郑国的部队。他为了祖国的安全，冒充郑国来犒师的使者，把牛献给秦军。秦军大将孟明视信以为真，觉得郑国既然派人来犒师，那么必定知道秦国会偷袭，早就做好准备，于是只好退兵。弦高把国家利益看得比金钱重要，人们都赞扬他。可见，金钱并不是第一的，也不是至上的，在金钱之外，还有许许多多的东西，如祖国、人民的利益以及亲情等比金钱更重要。

有的人却恰恰相反。他们为了金钱，不惜利用一切手段，甚至做出违法犯罪的事情。如利用职权贪污受贿、涂改发票、做假账，甚至结伙抢银行等。这些人利用种种非法手段，聚敛大量金钱成为了“大款”。钱有了，但他们幸福吗？答案是否定的！因为他们的物质生活虽然富裕，但精神空虚，甚至要提心吊胆地过日子，生怕有一天东窗事发，被投入监狱。没有很多钱的人其实也会快乐、幸福，因为他们活得问心无愧，活得充实。身为孔门七十二贤人之首的颜回，就没有很多钱，可是他好学不倦，乐在其中，终于有成，名垂史册，因此他也是一个幸福的人。

金钱观的教育应该从儿童就开始加强。孩子重视钱以及金钱能够带来的物质和精神享受，是市场经济发展的必然产物。每天发生在孩子们视野之内的是以金钱为媒介的商品交换行为，使他们从小就很自然地了解金钱的“魔力”。孩子喜欢钱，本身并不是一个“可怕的问题”。但是传媒的不当宣传、家长的不当引导、成人社会对金钱不恰当的运用所造成的“示范效应”，却可能使一些孩子从小形成“拜金主义”的价值观，给他们未来的人生道路留下巨大的隐患。

培养孩子正确的金钱观、享乐观，需要家庭、学校和社会的共同关注，并形成方向一致的合力。家长应当指导孩子合理消费；学校应当帮助孩子了解由于收入水平不同造成的社会差别，引导孩子正视这些差别，克服消费问题上的盲目攀比；对社会的腐败和丑恶现象，社会舆论必须立场坚定、旗帜鲜明地予以鞭笞，引导孩子构筑自己的“道德底线”，让孩子们逐步形成正确的劳动观、价值观。

斯坦利先生是《财富》杂志评出全美500家最大公司之一的总裁，他在培养孩子如何对待金钱和树立理财观念上，提出了一些独特的看法，值得我们参考和借鉴。

（1）爱心加物质并不够。许多父母往往忽略一点，就是在子女独立生活之前，必须在投资理财和金钱观念上教他们一些东西，比如失业率上升，我手上的股票有什么反应等基本知识。如果没有一些必要的熏陶，子女走进这个充满风险和竞争的年代，就很容易被淘汰。

（2）小节约等于大浪费。孩子，许多时候我都提醒你要厉行节约，但必须记住，不要为节约一美分的钱财而绞尽脑汁。这意味着你的理财观念已经钻了牛角尖，你应该用更多的时间去开源，而不是节流！细小的节约意味着巨大的浪费。

（3）口头承诺不可信。在没见钱之前，不要轻信任何口头承诺，不能为昨天的钱而工作。在未确定对方信用程度之前，必须具备这样的观念。因为一旦发生，时间和金钱的耗费将使你苦不堪言。

（4）旧的不去，新的不来。每个假期你希望痛痛快快地度假还是在家中修你的破单车？如果是我就绝对选择前者。愉快的休息和消遣总能带给人充沛的工作精力，当你将更多的时间和精力投入新一轮的工作，新单车就来了。同样，投资理财也必须要有这样的意识。

（5）辛苦钱最值得珍惜。孩子，当爸爸还是大巴司机时，微薄的薪水仅够家里紧巴巴的开支。但你们是否觉得，那时买的巧克力特别香、糖特别甜、玩具更好玩，有没有感受到钱的珍贵？辛苦钱最值钱。

曾经有一位教授说过：钱本身是没有错的，而它的对错决定于它的主人是否取之有道，用之有方，它对我们的生产、生活起到了极大的积极作用，但如果没有正确地去利用它，那它带给我们的将是极大的负面影响。

只要商品经济存在一天，金钱就不会消失。对个人来说，钱不是越多越好，也不是越少越好，关键在于“取之有道，用之有方”。人生苦短，比金钱更贵重的东西多得很，如精神、事业、情义、荣誉、智慧、健康等，这些都不是金钱所能量化和买到的，我们岂可轻重倒置。

金钱观是对金钱的根本看法和态度，是和人生观紧密相连的。金钱是适应商品交换的需要而产生的，随着商品经济的高度发展而逐渐成为财富的象征。资产阶级金钱观有两个特征：一是“金钱至上”。他们从本阶级和个人的私利出发，把金钱放在至高无上的地位，一切向钱看。只要能获取金钱，可以不择手段。二是“金钱万能”。他们夸大金钱的作用，鼓吹“有钱能使鬼推磨”“金钱决定一切”“金钱就是幸福”。

马克思主义科学地揭示了金钱的本质和历史作用，认为金钱作为物质财富，是人类创造的，并为人类服务，人类应当是金钱的主人，而不是金钱的奴隶。人们依靠自己的劳动创造财富，获取财产，金钱是光荣的，而那种用剥削、掠夺欺诈的手段不劳而获，则是可耻的。金钱在促进商品交换的过程中起了重要作用，但金钱并非万能的，世界上有比金钱更重要、更宝贵的东西。居里夫人放弃“镭专利”的巨额金钱，毅然将炼镭的技术公布于世，并把价值100万法郎的世界第一克镭捐献给治疗癌症的研究所。著名数学家华罗庚于1950年拒绝美国伊利诺大学终身教授的重金聘约，携妻子儿女一起越过太平洋的惊涛骇浪，投身于祖国的建设事业。

金钱是幸福生活的必要条件，但金钱并不等于幸福，因为人类不能没有精神生活。物质生活富裕而精神生活空虚的人，就不会有真正的幸福。

想要赚大钱就必须有 “大欲望”

这是个现实的社会，这也是个金钱的社会。老祖宗早就告诉我们：“锦上添花人人有，雪中送炭世间无，不信且看筵中酒，杯杯先劝有钱人。”有钱真好，但不是每个人拼死拼活地赚，就一定可以成为富翁、富婆的，想成为有钱人，一定要具备某种人格特质，缺乏这种条件的人是发不了财的。众多富翁、富婆具有什么样的特质呢？

1. 越罗曼蒂克的人，越能发财

想成为富翁，一定要有非常强烈的赚钱欲望。而现实的金钱，也是用来满足个人欲望用的。罗曼蒂克的人为了实现人生的梦想，充满了斗志，这斗志就是激励他赚钱的最大动机。因为只有赚大钱，才能实现他的“美梦”。

2. 富翁大多很小气，但懂得施舍

越有钱的人越小气，赚过钱的人才知道赚钱的辛苦，但他们一定懂得适度的“施舍”，因为施舍也是赚钱的重要手段。白手起家的人，一定待已俭朴，一条毛巾可以用到破，一块香皂可以磨到完，但他知道赚钱是靠大家一起完成的，因此他绝对乐于与人分享。

3. 会发财的人，一定有女人缘

想赚钱的男人，身上会散发一种说不出来的吸引力，他们充满活力、热心、勇敢、谦虚，这些也就是激励个人赚钱欲望的要件。具备这种吸引力的男人，常可让女人投怀送抱，也就是，有发财相的人，一定有女人缘。而有强烈赚钱欲望的人，一定天天充满干劲，抬头挺胸，勇往直前，虚怀若谷，待人客气，谦虚有礼，这种人一定受女性欢迎。

4. 成为富翁靠胆识，成为富婆靠魅力

男性和女性致富的方式不太一样，男性赚钱靠的是勤奋工作，充满活力，勇于冒险。当今社会形态则是讲究公关、人际关系，女性温柔、体贴、亮丽的特质反而比男性更易开拓事业，更易发财致富，商场上不存在男女真情，很多舞厅、酒廊的女经理，就非常懂得这种道理，周旋于男客人中赚大钱。

5. 不满于现状的人，才能成为富翁

如果你已习惯朝九晚五的上班族生活，整天上班、下班，日复一日，任凭岁月消逝，你一定成不了富翁。一个想要赚钱的人，绝不以温饱为满足，一定想要让生活多彩多姿，天天充满赚钱的活力。具备了这个要件，再冷、再热的天气，再苦、再累的工作，你才会心甘情愿地去做，而当你养成了这个赚钱“习惯”后，财富自然越来越多。

6. 寒门出富翁，穷怕了就越想发财

社会上的大富翁，出身背景常呈两极化，不是继承祖业的企业家第二代，就是从小贫困白手起家的创业者，而后者的能力和累积财富的持久力大多优于前者。这也就说明了，一个生长在贫穷家庭的人，因为穷怕了，也想发财，因为饿怕了，所以有着比一般人更强烈的赚钱欲望。

7. 脑筋太好，往往赚不了大钱

照理说，越聪明、越会读书的人，应该最会赚钱。事实上，当今网路新贵也的确都是高级知识分子，然而这些知识经济富豪只是全部富翁的一小部分。有智慧、有道德的人往往囿于理论，不善计谋，他们的“智慧”，反而成为赚钱的障碍。赚钱不能光靠理论，一定要亲自实践，不要在知识的象牙塔里做白日梦，不要死爱面子嫌铜臭。

8. 想赚钱一定要动，要发财不要害羞

一般人想要赚钱，也一定要勤于“动”，不管你是一个小业务员还是修车技术工，平常勤于与人“互动”，让人际关系活跃起来，赚钱的机会自然较多，赚了钱之后的投资理财行为也一样，投资是“动”，储蓄是“静”，如果只是储蓄，所赚利息常被通货膨胀吃光光，是积累不了财富的，在动的过程中，要特别记住不要害羞，不要怕没面子，你要大胆地、乐观地试试看，这尝试的过程，不仅让你体会人生百态，也让你体悟赚钱的方法。

9. 富翁都充满自信心和好奇心

如果你一点自信都没有，总觉得自己长得太矮、身材太胖、口才不好、肌肉不结实、年纪太大，那么你永远也追不到心爱的女友。赚钱也一样，想要致富，不仅要充满自信，更要充满好奇心，好奇是人类生活

进步的原动力，是一种创造力，也是一种魄力，有了这种魄力就会去做投资、冒险，而这种行为正是致富的主因之一。

跳出穷人的思维定式

> 有一则寓言，说的是驴子背盐渡河，在河边滑了一跤，跌在水里，那盐溶化了。驴子站起来时，感到身体轻松了许多。驴子非常高兴，获得了经验。后来有一回，它背了棉花，以为再跌倒，可以同上次一样，于是它走到河边，便故意跌倒在水中。可是棉花吸收了水，驴子非但不能站起来，而且一直向下沉，最后淹死了。

驴子为何死于非命？因为它没有正确地对待经验，因为它机械地套用了经验，形成了思维定式。

穷人的思维定式表现在，认为自己就是一颗螺丝钉。穷人认为自身卑微，缺少安全感，迫切地希望自己从属并依赖一个团体。于是他们以这个团体的标准为自己的标准。对于穷人来说，在一个著名的企业里稳定地工作几十年，由实习生一直到高级主管，那简直是美妙得不能再美妙的事了。无形中，这种定式的思维，逐渐地消磨了自身的斗志，更不可能有动力再去创造轰轰烈烈的事业战果。

穷人这种习惯性的满足感注定了要做财富的守望者，而不是获得者。

美国“饼干大王”威利·阿莫斯说：“恐惧敲响了你的门，信念让你打开了门，你发现根本没有人。你害怕的东西并不存在。你只是不断地自己制造恐惧。”对那些成功的富人，成功并不是最美的，最美的是在逆境中不懈努力的精神。成功只是那些努力的一个成果而已。人生也如自然界一样，有昼夜明暗、阴晴圆缺，一个人不可能一生都走在明朗的阳光下，也会遭遇阴雨黑夜。黑夜过去，白天自然来临，暴风雨后终会有艳阳高照，而穷人往往不能将自然现象与人生相结合，他们认为自己不可能看到雨后的彩虹。

有一个人，在大学毕业5年内就换了8份工作，月薪也只有略微的提升。在那一连串的挫败后，“放弃”当然是最容易的一条路，但他却没有认输。他从未停止思考用更好的方法来完成工作，也从未停止梦想自己将来可能经营的事业。

他曾两次创业失败，使他背负沉重的债务。每份工作的报酬都仅够眼前开销，没有多余的金钱可供还债或储蓄。虽然他没有乐观的理由，却也从未沮丧过。更重要的是，他从未自暴自弃，也不觉得自己失败，或自认为平庸。

虽然朝九晚五的生活已经让他的身心疲惫，但仍未阻止他用业余的时间来编织自己的梦想。终于，第6年，在他做第九份工作时，老板给了他发挥创意的机会。3个月内，他与另外一个合作伙伴设计的营销方案，让公司年销售额倍增，由3000万美元暴涨到6000万美元。在完成该方案后，他与这位合作伙伴一起开创了新的事业。

那些成为富翁的人们往往懂得将负面的、消极的想法转变成积极的、具有建设性的思想。转化一下思维方式，肯定了好的，不好的自会消失。《富人是怎么想的》（*How Rich People Think*）的作者史蒂夫·西博尔德曾在近30年里采访世界各地的富豪，看究竟是什么让富豪从普通人中脱颖而出的。

通过这些采访，他发现这和他们的思维方式有非常大的关系。以下就是富豪与普通人思维方式的区别。

1. 普通人认为金钱是一切罪恶的根源，而富豪们则认为贫穷是一切罪恶的根源

人们总是有这样的偏见：富人都是运气好或者不诚实的家伙。

这也是在欠发达国家有钱人有点脸面无光的原因。有钱人知道，金钱和幸福没有必然的联系，但金钱确实让你的生活更容易、舒适。

2. 普通人认为自私是缺点，而有钱人却认为是优点

有钱人总是尽量让自己高兴，他们绝不是救世主。而中产阶级总认为有钱人的这一“劣根性”造成了自己的贫困潦倒。

“如果你连自己都照顾不好，你怎能去帮助别人。自身都不保，如何周济他人。”富豪们如是说。

3. 穷人想的是碰运气，富人想的是行动

当众人排队等着选彩票号码，祈祷自己能中大奖时，富人们正在解决困难和问题。

穷人们在生活中所倚靠的是上帝、政府、老板或者伴侣。这是大多人这辈子过日子的想法。

4. 很多人认为接受正规的教育能为自己铺就一条财富之路，有钱人相信掌握某个专业领域的知识更为重要

很多大人物都没怎么受过正规教育，但他们通过学习某个领域的知识然后将其销售出去而聚集了大量的财富。

很多人认为书中自有黄金屋，这是因为他们的思维被局限住了，很难有更高层次的发掘。对有钱人来说，过程不重要，他们看重的是结果。

5. 穷人追忆过去，富人展望未来

那些白手起家的亿万富豪总是把命运握在自己手中，他们为自己描绘了一幅未来的美好蓝图。

那些总觉得今不如昔的人很少有发达的，他们也总是在忧虑、沮丧。

6. 对钱财穷人很感性，富人很理性

一个聪明的、受过精英教育的、以世俗眼光来看也很成功的人最大的愿望就是顺利退休，衣食无忧，绝不会干冒险的事。

穷人从钱眼里只看到钱，而富人却知道金钱会带来更大的机遇、更多的选择。

7. 穷人对自己赖以维生的工作有诸多抱怨，有钱人追随自己的内心，对工作满腔热情

在很多人看来，那些有钱人总是忙个不停。但世界上最聪明的一部分人只是在做他们感兴趣的事，只是从中找到了一个赢利渠道。

很多穷人在做着他们不喜欢的工作，只是因为他们需要这份报酬。他们一根筋地认为，要得到金钱，就要付出自己智力或体力上的努力，根本没有想到双赢。

8. 穷人总是低期望，这样就不会失望，富人总是不断地挑战自己

心理学家们和其他精神健康专家总是建议人们不要期望太高，这样才不会失望、影响心情。

可没有鸿鹄之志，就只能做一只小麻雀。

9. 穷人：要成为有钱人，总要做点什么；富人：要拥有财富，就要改变自己

地产大亨唐纳德·特朗普从百万富豪到破产背负 90 亿美元债务，

再到富可敌国。他是怎么做到的?

穷人总是只关注自己手头上在做的，不会举一反三。而富人却会从所有经验中学习、成长，不管是成功的，还是失败的。他们知道这些经验会让自己更强大，更容易成功。

10. 穷人会靠钱生钱，富人会空手套白狼

对于一件事，富人首先问的是这是否值得买、值得投资、值得投入人力物力，而不是自己是否有所需要的资金。

11. 穷人总认为市场是有规律的、按理出牌的，而富人知道市场是不理性的、贪婪的

要在股市上赚大钱，可不只是解复杂的数学题那么简单。

富人知道人们的恐惧和贪婪对金融市场的重要影响。这是他们做交易和观察未来趋势的重要考虑因素。

他们了解人性，并深知恐惧和贪婪的重要影响，这就让他们通过杠杆在交易中赚得盆满钵满。

12. 穷人花的比挣的多，富人挣的比花的多

怎么才能摆脱入不敷出的窘境? 答案是成为有钱人。

有钱人挣的比花的多不是说他们花钱有多理智，而是他们挣的太多了，他们即使像皇族那样生活，仍是绰绰有余。

13. 穷人教给孩子生存之道，富人教给孩子生财之道

有钱人在孩子还小时就给他们展示了富有和贫困两个世界的对比。

有人说这会误导孩子，让孩子瞧不起众多比自己穷困的人。但这个真实的世界就是如此。

14. 穷人为钱穷忙，为钱憔悴；富人会从财富中获得内心的平静

穷人认为钱是让人永不满足的恶魔。有钱人相信钱能解决大部分问题，钱就像自由女神一样，会给他们带来自由、带来安稳。

15. 富人更喜欢教育，穷人更喜欢娱乐

尽管有钱人不认为学校的教育能带来多少财富，但他们相信一生坚持学习的重要作用。

走进一个富豪的家里，你会看到非常多的图书，他们从中学习让自己更成功的能力。而穷人会读小说、画报、娱乐杂志。

16. 穷人觉得富人大都是势利小人，眼高于顶；但富人们只是想和“志同道合”的人来往

穷人觉得是财富把人分成了三六九等。富人难以忍受悲观、泄气，而这正是很多穷人的特征。

把有钱人与势力自大画等号，这会让穷人心里好受一点，也为自己选择了平庸这条路找到了很好的借口。

17. 穷人省钱，富人挣钱

相对于辛苦省钱，富人更喜欢冒点险去挣钱。穷人的精力都放在柴米油盐的精打细算上了，而忽略了很多机会。即使在金融危机中，有钱人也不像穷人那样悲观。他们的注意力只盯在有用的地方——挣大钱的机会。

18. 穷人对自己的钱捂得很紧，富人知道什么时候该冒险

任何投资都可能会赔钱，但无论发生什么，有钱人相信他们总能挣到更多。

19. 穷人求安逸，富人在冒险中求慰藉

大多数情况下，要成为大富豪总需要冒险，但这正是穷人坚决不要的。生理上、心理上、感情上的安逸是穷人的最大目标。那些富豪很早就知道安逸是毒药，他们早就学会了怎样在不确定中获得平静。

20. 穷人认为金钱和健康无关，富人知道钱能救命

当穷人在为奥巴马的医改计划争得不可开交时，大富豪们却成为了高级医疗服务联盟的会员。他们每年支付会费，这样就会有医生24小时上门服务，只为一小部分人服务，甚至可以要求医生住在附近。

21. 穷人认为家庭幸福和巨额财富很难兼得，富人鱼和熊掌都要

很多穷人认为这是二选一的选择，或者是努力挣钱，或者是多些时间陪家人。富人知道只要想要，迎接挑战，就可以家庭美满，家财万贯。

思考力决定财富值

所谓金钱智慧，就是一个人正确认识金钱的态度与把握金钱的能力，主要包括两方面的内容：一是正确认识金钱及金钱规律；二是正确应用金钱及金钱规律。

富人与穷人最重要的区别，就是金钱智慧的高低。

犹太人能够成为最富有的民族，就是因为他们有极其丰富的金钱智慧。在犹太教经典《达尔牧德》里有许多有关金钱的教诲，比如，人的身体各部分皆依靠心而生存，心则依靠钱包为生；伤害人的东西有三种：烦恼、争吵、空钱包，其中最会伤人的是空钱包；《圣经》会投放光明，金钱会投放温暖；我们怎样对待生活，生活就怎样对待我们；我们怎样对待别人，别人就怎样对待我们，同样，我们怎样对待金钱，金钱就怎样对待我们。

如果你在一夜之间有了100万元，你准备怎么去花？据说这是对金钱智慧的一种检验。有的人觉得这是意外之财，不花白不花，于是就在很短的时间内吃喝玩乐、肆意挥霍，最后又身无分文。有的人会意识到这比意外之财就是上天赐给他的一次人生机会，他们懂得钱能生钱的道理，就会用这100万元作本钱，在不长的时间里挣回100万元，再将原来的100万元物归原主后，便拥有了属于自己的100万元。这才是真正的金钱智慧。

人类社会发展的历史证明：金钱对任何社会、任何人都是重要的；金钱是有益的，它使人们能够从事许多有意义的活动；个人在创造财富的同时，也在对他人和社会做着贡献。

美国作家希克斯在其所著《职业外创收术》中指出：金钱可以使人们在这些方面生活得更美好：物质财富；娱乐；教育；旅游；医疗；退休后的经济保障；朋友；能给你更强的信心；更充分地享受生活；更自由地展示自我；满足更大的成就感；能够更多地从事公益事业。

无须讳言，在当今的现实中，金钱可以买到很多东西。而且80%的人生目标，都可以通过金钱得以实现。只要不违法犯罪，有了金钱的人生肯定是成功的人生。

记住，只有你喜欢金钱，金钱才会亲近你。因为欣赏金钱的作用，你才会想尽办法去赚钱，并合理地支配，就会把金钱看成资本，以此来赚更多的钱。

赚钱致富的过程实质上是一个完善对金钱的正确认识的过程。比如，穷人经常幻想：等咱有了钱，就怎么怎么的。但当他真正通过辛勤劳动而致富后，绝大多数人不会挥金如土、奢侈浪费，相反，典型的富人生活往往都很简朴。李嘉诚就说过："再有钱，也不能浪费；再花钱，也要花到实处。"还曾对陪同他考察的内地官员说："要我马上拿出一个亿投资，我会面不改色，但谁要在地下丢一元钱，我会立刻捡起来的。"

中国人有鄙视金钱的传统，常说“君子喻于义，小人喻于利”。但在山穷水尽、走投无路之时，往往感慨“世道难行钱作马”“有钱能使鬼推磨”。其实，金钱不过是一种货币符号，是财富的化身。无论是硬币还是纸币，无论是用于慈善事业还是吃喝嫖赌，金钱本身并都没有善恶之别、正邪之分。

就是现在，还有这样一种奇怪的现象：越是穷的人，口头上越不在乎钱，但争抢利益的时候却奋不顾身；越是有钱的人，越是千方百计地赚更多的钱，但捐赠给公益事业能一掷千金。

这就是富人与穷人的金钱智慧的不同，最终也导致了贫富差别。

成功的人都是积极思考的人，对凡事都抱着正面想法的人。用乐观的心态面对每一件事，是成功者的特质。

很多人想要人际关系更好，收入更高，或者更健康，更成功，但是，不管想达到什么结果，这些结果都必须通过你采取的行动来完成。要有更好的行动，就必须下更好的决定，然而要有更好的决定就必须先有更好的思想。

思想决定了我们所说的话，我们所产生的行为，我们对别人的态度，我们所做的决定，换句话说，思想决定一切。

认为自己一定会成功的人凡事都非常积极与乐观，一旦他掌握住机会就会毫不犹豫地立刻行动，即使行动遇到挫折，他依然抱着积极乐观的想法，认为世界上没有失败，只有成功的暂停。于是这种人面对失败会再试一次，坚持到底，最后走向成功。成功之后，他又更加深“我一定会成功”的信念。

一个“我一定会成功”的思想促使自己走向成功。成功后，再度坚信“我一定会成功”，便进入了生命中的成功循环线。

相反，一个认为“我做什么都不会成功”的人，做事消极被动，又悲观，经常犹豫不决，不敢行动。就算行动，遇到挫折也立刻放弃，导致他总是失败，失败后他又更加确信自己“做什么都不会成功”。

一个“做什么都不会成功”的信念导致自己失败，然后再度坚信自己会失败，使他走入他生命中的失败循环线。

成功的想法导致成功，失败的想法导致失败，这是千古不变的定律。一台电脑没有软件就是废铁，一个人没有思想就是白痴。一个人的头脑中没有成功的思想，又如何能成功呢？

大部分人都有太多的负面思想，凡事都喜欢往坏处想，也都有太多的负面言谈，每天不是批评这个，就是抱怨那个，不是认为自己这个不行，就是那个办不到。这也难怪，大部分人都过着不理想的生活，这就是原因所在。你必须每天问自己：我今天有哪些思想？我现在有哪些思想？这些思想会造成哪些后果？这种后果是不是我想要的？假如不是，那我要什么样的结果？我必须怎样想，才能得到我想要的结果？假如你能经常这样，养成自我分析的习惯，你的人生一定会有大的改变。

用“去赚钱”代替“去攒钱”

犹太人的经营原则就是：没有钱或者钱不够的时候就借，等有了钱就可以还了，不敢借钱的是永远不会发财的。穷人之所以穷，就是因为他们把自己辛辛苦苦赚来的钱都攒起来，让“活钱”变成了“死钱”，“死钱”是不会自己增值的；而富人之所以富有，就是因为他们把自己赚来的钱活用，他们从不攒钱，而是把钱继续投入到赚钱的行业，用所赚的钱去赚更多的钱。

钱是什么？许多人认为，放在自己口袋里或者存在银行里的纸币就叫钱，犹太人却不是这样看的。

卡恩站在百货公司的橱窗前，目不暇接地看着形形色色的商品。他身旁有一位穿戴很体面的犹太绅士，这位绅士正站在那儿抽雪茄。卡恩恭恭敬敬地对绅士说：

“你的雪茄好像不便宜吧？”

“2 美元 1 支。”

“好家伙……你一天抽多少支呀？”

“10 支。”

“天哪！你抽多久了？”

“40 年前就抽上了。”

“什么？你仔细算算，要是不抽烟的话，那些钱足够买下这幢百货公司了。”

“这么说，你不抽烟？”

“我不抽烟。”

“那么，你买下这幢百货公司了吗？”

“没有。”

“告诉你，这幢百货公司就是我的。”

谁也不能说卡恩不聪明，因为他算账算得很快，一下子就计算出每支 2 美元的雪茄，每天抽 10 支，40 年所花的钱可以买一幢百货公司；他懂得勤俭持家、积少成多的道理，并且身体力行，从来没有抽过 2 美

元1支的雪茄。

但是谁也不能说卡恩具有生活的智慧，因为他不抽雪茄也没有省下买一幢百货公司的钱。卡恩的智慧是死智慧，绅士的智慧是活智慧。钱是赚来的，而不是靠克扣自己攒下来的。

思路开阔， 钱包跟着阔

钱不是万能的，但没有钱是万万不能的。如何赚钱是很多人热议的一个话题。在当今社会要赚钱，技术能力、思路、人脉关系都是必不可少的。技术能力只要勤奋、肯钻研就行，人脉关系细心培养即可，但是经常能有好的思路、好的创意并非易事。不少人认为那属于灵感，可遇不可求，但其实只要注重方法，做到以下几点，赚钱好思路会源源不断从你脑海中涌现。

1. 多借鉴别人的经验和方法

一个人的能力是有限的，但是众人的能力是无限的，所以当你思源枯竭的时候，多学习别人的成功经验，多听别人的失败教训，多看别人的行动举措，说不定里面就有你需要的点子，或者就能够激起你创意的火花。虽然成功往往不能复制，但却是可以仿照模拟改进的。

2. 多积累经济知识，关注经济动态

赚钱必然离不开对经济的认识，尽量多积累一点经济理论知识，将理论知识运用到实际中。多关注经济动态，小到周边的消费群体，大到国家及国际的经济发展态势。没有相关的知识和基础，就算是机会摆在面前都看不到。

3. 培养敏锐的洞察力

这一点是建立在前面两点的基础上的，有了一定的创意模板经验和方法，加上丰富的经济知识，那么剩下的就是要多观察，多设想，多探索。比如，在街上发现有些店铺开得比较久，有些店铺却很快就关张了，就可以去分析、了解其中的原因。报纸、电视、广播、网络、聊天都是信息的来源，当我们收集信息的时候多问自己为什么，从这些信息里面能提取什么，什么是现在有用的、什么是以后有用的。

4. 多听他人建议，改进想法思路

要抱着一种客观的态度，将自己的创意和想法告知他人，看看有什么是自己考虑不到位的，多听别人否定的建议，这些往往是关键所在，然后进行改进。不要因为他人否定你的想法就放弃了，要想的是“怎样才行得通”，而不是“行不通就算了”。

如果事情要改变，第一个要变的不是别人，而是我们自己。

这句话说来很容易，但很多人遇到问题，头一个想到的，都是改变别人，很少有人愿意对自己下工夫。

英国伦敦大教堂里，刻录着这样一段诗文，让人印象深刻：

当我既年轻又自由，我的想象力没有限制，我梦想着改变世界；

当我年龄较长，更为睿智，我明白世界不会改变。

我决定把眼光放低一点，单单改变我的国家。可是它看起来纹风不动。

当我进入暮年，我做出最后急切的尝试，我只想改变我的家人，这些跟我最亲近的人，可是，唉，他们一点儿也不肯改变。

现在，我躺在这里，在死亡的床上，

我了悟到（或许是头一次），如果我先去改变自己，

那么，借着以身作则，我或许能影响家人，

借着他们的鼓励和支持，我或许能改善我的国家，

谁晓得呢，我或许能改变这个世界。

这首诗的重点，在于告诫我们，所有的改变都源自改变自身。一定要记得，遇事不要要求别人改变，而是我们要先主动改变。如果你希望公司能够变好，你要先改变的是自己对公司员工的态度，或者对制度做部分修正；如果你希望父母对你更好，你必须表现出负责任的态度，更努力学习和懂得感恩；如果你需要赚更多的钱，必须改掉你懒惰、不自信等毛病……总之，改变自己，这是改变事物的根本所在。

培训实操

培养赚钱意识的七大法则

1. 不甘心

21世纪，最大的危机是没有危机感，最大的陷阱是满足。人要学会用望远镜看世界，而不是用近视眼看世界。顺境时要想着为自己找个退路，逆境时要懂得为自己找出路。

2. 学习力强

学历代表过去，学习力却掌握着将来。所有的人都要学习和感悟，

并且要懂得举一反三。学一次，做一百次，才能真正掌握。学、做、教是一个完整的过程，只有达到教的程度，才算真正吃透。而且在更多时候，学习是一种态度。只有谦卑的人，才能真正学到东西。大海之所以成为大海，是因为它比所有的河流都低。

3. 行动力强

只有行动才会有结果。行动不一样，结果才不一样。知道不去做，等于不知道，做了没有结果，等于没有做。不犯错误，一定会错，因为不犯错误的人一定没有尝试。错了不要紧，一定要善于总结，然后再做，一直到正确的结果出来为止。

4. 要敢于付出

要想杰出一定得先付出。斤斤计较的人，一生只得两斤。没有点奉献精神，是不可能创业成功的。要先用行动让别人知道，你有超过所得的价值，别人才会开更高的价。

5. 有强烈的沟通意识

沟通无极限，沟通更是一种态度，而非一种技巧。一个好的团队当然要有共同的愿景，非一日可以得来，需要无时无刻不在的沟通，从工作目标到细节，甚至包括家庭，都在沟通的内容之列。

6. 诚恳大方

每个人都有不同的立场，不可能要求利益都一致。关键是大家都要开诚布公地谈清楚，不要委曲求全。

7. 有最基本的道德观

人无德不立，国无德不兴。基本的道德观是赚钱的基础和最根本的原则。

第二章

学会用诚信赚钱

——金钱诚可贵，诚信价更高

你的信誉价值百万

我们在评价某人是否富有时，常常会算算他有多少钱，有多少房产或有什么档次的汽车，总而言之是以钱财定贫富。我们在了解一个企业的经营状况时，其规模、固定资产、流动资金、销售额、利润额都是必要的衡量指标。然而，我们往往忽略了一个重要参数———信誉。

也许有人会问，信誉价值几何，怎样计算？信誉又能为企业赚多少钱？的确，在生意场上，当一个企业或个人顺利时，有形资产会更引人注目，为人咂咂称赞。但当一个企业或个人遇到困难需要得到外界支援时，信誉这一无形资产则会显得格外重要。已有百年历史的可口可乐公司的一位总裁曾说过，如果可口可乐公司遇到大火化为灰烬，我们凭借“可口可乐”这四个字，就可从银行贷到巨款，足以让可口可乐公司重建。这就是信誉的价值。

在现代经济社会中，没有一个企业或个人只靠自己的资金、力量就能够不断发展，要与别人合作，信誉不可或缺。尤其是在国际竞争日益激烈的今天，信誉资源比以往任何时候都显得宝贵。全国人大代表、十大青年企业家之一的温州正泰集团董事长南存辉在回答“诚信对企业、对个人意味着什么”这一问题时说：“信用对企业是一笔无形资产，是立业之本。信用对于我个人意味着一支笔值 3 个亿。因为银行对正泰的授信额度是3个亿，只要我签字，正泰立刻能从银行拿到这笔钱。”这就是信誉的价值。

我们必须清醒地认识到，无论是个人还是企业，在经营过程中都要以诚待人，守信为本。任何以丧失诚信为代价而得到的利益，都是暂时的，最终会因失信于人而得不偿失。

信誉的价值是在不断建立的过程中积累并提升的。信誉像玉石一样既珍贵又易碎，需要百般爱惜和呵护，一旦打碎很难恢复。南京冠生园的命运让我们对信誉的价值有了新的认识。

中国人最看重诚信，诚信是做人的首要原则。所谓“人无信不立，事无信不成，国无信不威”，诚实守信是中华民族几千年传统文化的精神主流，是备受人们推崇的美德。如今诚信更是为人处世的关键，作为一个创业者，要想在滚滚商海中立足，有无诚信是其能否生存发展的根本。

在坚守诚信这件事上，李嘉诚很当真，每当跟别人谈到做生意的秘诀，他就会谈起一个“信”字。在李嘉诚的眼里，商人最重要的素质是“信”。诚信相合，即为“义”。

李嘉诚将这种精神和气度放到生意上，也放到对孩子们的教育上。他在对儿子们进行教育时，总是反复强调：“要令别人对你信任，不只是商人，一个国家亦是无信不立，信誉诚实也是生命，有时候甚至比自己的生命还重要。”李嘉诚说：“在孩子们小的时候，我99%的时候是教孩子做人的道理，现在有时会跟孩子们谈论生意，约1/3谈生意，2/3教他们做人的道理。因为世情才是大学问。世界上每一个人都精明，要令人家信服并喜欢和你交往，那才最重要。”李嘉诚也一直利用各种机会磨炼李泽钜、李泽楷两兄

弟。李嘉诚曾戏说自己不是“做生意的料”，因为他觉得自己不会骗人，不符合中国人所说的无商不奸的标准，但其实正是因为他有信而无奸，所以才做成了全亚洲独一无二的大生意。

温家宝总理2008年3月在全国两会的记者见面会上，曾说过这样一番话：“如果我们国家有比黄金还要贵重的诚信，有比大海还要宽广的包容，有比爱自己还要宽宏的博爱，有比高山还要崇高的道德，那么我们这个国家就是一个具有精神文明和道德力量的国家。”温总理的话高度肯定了诚信对一个国家、一个民族的生存和发展的重要性。而“诚信”也被党中央写进“八荣八耻”中，“以诚实守信为荣，以见利忘义为耻”，值得我们谨记。

随着经济全球化，特别是我国加入世界贸易组织（WTO）后，如何通过企业文化建设、企业理念的营造来增强企业的诚信意识，是值得我们思考和关注的问题。如今，市场经济就是诚信经济，它是建立在诚信基础上的商品经济。诚信是职业操守，也是一种良知，是个人立身社会的名片，是企业发展的基础，是社会健康持续发展的助推器。

历史已经证明：一个没有高度内外一致、以诚信为核心的价值观体系、期望和行为的企业，最终将失去竞争力并被逐出舞台。诚信至上，因为诚信是企业的立身之本，也是构成企业核心竞争力的一个重要方面。

诚信是握在消费者手中的一把尺子。一个企业，某一种产品出了问题，还可以推倒重来，而信誉没了，就很难东山再起。在市场经济社会里，企业的信用不仅是一种品牌，也是一种自身资源。

因此，从根本上说，无论是商业信用、银行信用，还是个人信用、企业信用、政府信用等，其产生与发展无一不是源于人们对经济交往和社会交往中互利的需要，换句话说，选择诚信、建立诚信、巩固诚信、完善诚信，是人类社会在交往中趋利避害的必然选择。企业在生产经营中讲诚信，能促进经济资源的优化配置和合理充分的利用，提高商业运作和经营管理的效率，降低交易成本或交往成本，最终推动企业利润最大化和效用最大化的实现。

有些创业者开始经商时，常常抱有这样的想法，即认为一个人的信用是建立在金钱基础上的，一个有钱的人、有雄厚资本的人，就有信用。其实这种想法是很荒谬的。与百万财富比起来，高尚的品格、精明的才干、吃苦耐劳的精神要高贵得多。古今中外的知名企业家，无不强调信誉第一，忠诚为上，把“信”作为立身之本。只要答应过的事情，就要“言必信，行必果”。美国成功学家罗赛尔·赛奇说：“坚守信用是成功者的最大关键。”一个人要想赢得合作者的信任，一个企业要获得成功，离不开他人的信任和支持，因此，做人、做企业应该“一诺千金”，把“信”作为立身之本。

中国台湾声宝董事长陈茂榜的经历就很好地证明了这一点。他的创业成功，凭的不是充足的金钱，而是靠两个字——“诚”与“信”。在他24岁时，他以100元本金开了家电器行，由于资金不足，他只好以50元为一单位，分别给两家电器中盘商做保证金，然后向他们提货来卖。由于陈茂榜做人诚实，做生意时特别讲究信誉，因此，这两家中盘商都很信任他。50元保证金不过是一种形式，陈茂榜从他们那里提的货物的货款多达500元，即保证金的10倍。由此可见，“诚”与“信”有时比之金钱更有价值。因此，创业的第一要诀就是诚信，只有真诚待人，才能做成大生意；弄虚作假，只能是一锤子买卖，终究是要弄巧成拙，注定是要失败的。

诚信至上，信誉至上，在激烈的竞争中，诚信的重要性越发凸显出来。而我们身边也不断出现一些反面人物：从牟其中到唐氏兄弟，从杨斌到顾雏军，他们共同的问题是——缺乏诚信。他们都因为以不同的方式欺骗了市场，而逐渐被市场抛弃。这也显示了市场的公平性，正所谓诚信如金，不怕火炼。没有诚信，夫妻反目；没有诚信，朋友交恶；没有诚信，企业想要做强、做大也是镜花水月。

做生意图的就是能赚钱，但如果没有信誉，不讲诚意，都来个一锤子买卖，这种生意肯定是做不长的，因为谁都不会再上第二次当。如果你诚实经营，讲究信誉，卖的东西又货真价实，笑脸相迎，让顾客高兴而来，满意而去，你的生意自然就会兴旺发达。“诚信”是生命，做生意如此，做人更是如此。“诚信”二字对任何人来说都非常重要，为人真诚、诚实待客、言而有信，是一个人立足社会、成就事业的前提。反之，为人虚伪、欺骗别人、言而无信，即使能骗得了一个人、骗得了一时，但终究骗不了所有人、骗不了一世，最后必将被人唾弃，一事无成。

诚信是经商立业之本

有调查显示，现在的企业家最看重的财富品质依次为：诚信、把握机遇、创新、务实、终身学习……调查结果表明，几乎所有的企业家都认为诚信非常重要，对这个品质的认可，在年龄、行业等方面都无任何差异。早在调查结果出来之前，中国工商联一位官员就指出，财富品质的核心是诚信，诚信立业，诚信致富。这也不谋而合地给企业家们的选择作了一个最好的注脚：做事情首先是做人。

> 大凡一个成功的企业，在创业之初，都要经受诚信的考验。企业能够由小到大，由弱变强，无一不需要诚信的支持。摩根财团是世界上为数不多的巨型公司，有“华尔街金融帝国主宰者”之称。1835年，美国一家名为伊特纳的火灾保险公司组建。当时，面临困境的摩根也报名当上了股东。不凑巧的是，没过多久，就有一家客户不慎起了大火。公司如果按规定全部付清这家客户的赔偿金，那就意味着破产。
>
> 消息传出，股东们悲观失望，纷纷要求退还股金。面对困境，摩根把信誉放在第一位，想方设法筹措款项，把要求退股的股东股份全部低价收购，终于使投保的客户一分不少地得到了赔偿金。摩根虽然当上了伊特纳火灾保险公司的老板，可公司却面临着破产的危险。为了拯救公司，他只好硬着头皮做广告说：赔偿金一律加倍。出乎意料的是，前来投保的客户络绎不绝。原来，伊特纳火灾保险公司以自己的实际行动履行了诚信第一的诺言。摩根的公司从此走出困境，知名度甚至超过了不少大的保险公司。

诚信是企业创立之初的奠基石，是企业文化的重要体现，更是企业核心竞争力的重要组成部分。不守诚信，或许可“赢一时之利”，但一定会“失长久之利”。

在风险投资界有句名言：“风险投资成功的第一要素是人，第二要素是人，第三要素还是人。”这说明风险投资家非常重视创业者的个人

素质。在他们看来，创业项目、商业计划、企业模式都可以适时而变，唯有创业者的品质是难以在短时间内改变的，而且决定着创业企业的市场声誉和发展空间。

对企业来说，诚信与企业的发展息息相关，甚至可以说，诚信就是创业者的生命线。诚信是为人之本，更是创业之本。

黄先生是一个不起眼的塑料小商家老板，但他却因为诚信获得了良好的口碑，生意也做得风生水起的，还被有关部门授予诚信经营户、315诚信企业的称号。黄先生有这样的良好的商业形象，还得从两个关于诚信的小故事说起呢，这也是同行业津津乐道的事情。

黄先生在创业之初的时候，就认定诚信是立业的根基。有一次，一个江苏的客户给他发来了一笔货款，这笔钱是对方久拖未结的，当会计入账的时候发现多了两万多元。当时那家单位久拖未结，在与他们的交易中自己也没有赚到什么钱，这多汇的钱，对于一家刚刚开业的店来说，无疑是天上掉下的馅饼，可供久饿的人饱餐一顿。但是黄先生并没有默默将这笔钱收入，而是拨通了对方的电话，对方对此事还毫不知情，黄先生向对方说明了情况，并将多余的汇款退还给对方。从此以后这家单位对黄先生这位小商户改变了看法，在汇款的时候也再没有拖欠过，黄先生和他们也成了生意外的好朋友。

在商海打拼不容易，黄先生深信，以诚信的态度待人，就会收到真诚的回报。有一回，黄先生与青岛的一位客户签订了一份合同，对方要求他在3天内把货送到青岛。货发出后的第二天，货车

却在半路上抛锚了，黄先生立即和客户取得联系，但是客户表示这批货是他们生产某种外贸产品的急需原料，容不得半点耽搁。为了不耽误对方的生产，黄先生决定先将3吨货当天空运到青岛救急，整车的原料也在两天后赶到了青岛。为此，黄先生多付了6000多元的空运费用。就在他计算这笔生意的损失时，青岛客户打来了感谢电话，由于黄先生按时给他们解决了原料问题，他们决定全部的空运费用都由他们支付，并对黄先生的支持表示感谢。

黄先生的经历告诉我们，在市场经济中，只有诚信才能赢得尊重，用自己的诚信可以换来对方的诚信。俗话说“无商不奸”，而黄先生的这些故事，正是颠覆了商人这个“奸”的形象，让大家明白，商人并不是都是奸的，“奸”只是长期以来大家对商人的误会。在竞争激烈的今天，各行各业的商家企业数不胜数，企业和商人的成功，就是靠得到合作伙伴和消费者的信任，所以才有“诚信是立业之本”之说。

即使亏本了也要讲诚信

《说文解字》言：“信者，诚也；诚者，信也。”“诚信”二字大约可释为做人要诚实、诚恳、讲信用、值得信任。《中庸》言：“诚者，天之道也；诚之者，人之道也。”其意为，诚信是上天的原则，追求诚信是做人的原则。儒家把诚信视为“天地的法则”，是有其道理的。古往今来，很多事实告诉我们，一个人如果没有诚信，一切都无从说起，经商如果不讲诚信，就丧失了商人的信用和人格，事业也必定昙花一现。

诚信对人为什么这么重要？中国哲人孔子曰：“人无信，不知其可也。大车无輗，小车无軏，其何以行之哉?”意思是说，一个人如果不讲信用，不知他怎么立身处世。其好比大车没有套横木的輗儿，小车没有套横木的軏，那怎么可以行车呢？他还说，做人要“恭，宽，信，敏，惠”，“恭”就是对人要尊敬，有礼貌，要讲规矩、守纪律；“宽”就是对人要宽宏厚道，要大度，要以德报怨；“信”就是要以诚待人，忠诚老实，不讲空话；“敏”就是头脑要灵活，思路要敏捷，思考问题要周全；“惠”就是待人要友善，要多做好事，给人以实惠。可见，诚信之所以重要，是因为它是一个人达到“仁”这境界的重要品质，它是一个人立身处世的准则。有人会问，你说的是过去，今天我们还需要“诚信”吗？下面是一则真实的故事。

早年，尼泊尔的喜马拉雅山南麓很少有外国人涉足。后来，许多日本人到这里观光旅游，据说是源于一位少年的诚信。一天，几位日本摄影师请当地一位少年代买啤酒，这位少年为之跑了3个多小时替他们买到啤酒。第二天，那个少年又自告奋勇地再替他们买啤酒。这次摄影师们给了他很多钱，但直到第三天下午那个少年还没回来。于是，摄影师们议论纷纷，以为那个少年把钱骗走了。第三天夜里，那个少年却敲开了摄影师的门。原来，一开始他只购得4瓶啤酒，后来，他翻了一座山，趟过一条河才购得另外6瓶，返回时不小心摔坏了3瓶。他很心疼，哭着拿着碎玻璃片，向摄影师交回找回的零钱，在场的人无不动容。这个关于诚信的故事使许多人深受感动。后来，到这儿的日本游客就越来越多。

当然，现实并非这么简单。在经济社会人与人之间的利益冲突更趋紧张，人们的道德意识和道德观念具有多样性，不同层次的社会成员道德水准也有差异，有一些人就失去自己生命中最可宝贵的东西——诚信。失去了它可怕吗？当然，答案是肯定的。

李嘉诚和周正毅的故事可以给我们一些启示。李嘉诚号称华人首富，周正毅曾是上海首富。二人都是从穷人变为富人、个人奋斗的典型，然而李嘉诚成为财富的榜样，周正毅却深陷班房。原因何在？周正毅找香港京华山国际投资公司首席顾问刘梦雄帮忙收购香港的公司时，刘梦雄经过多方调查，为周正毅找到了一个拥有几亿元的干净公司，事成之后周正毅赖掉了几千万元的佣金。刘梦雄对周正毅说，这样没诚信，你注定要完蛋。相反，当李嘉诚决定并宣布出售香港电灯集团公司股份时，港灯即将宣布获得丰厚利润，有人建议李嘉诚暂缓出售，但李嘉诚坚持按原计划出售。李嘉诚说赚钱并不难，难的是保持良好的信誉。对诚信不同的态度，于是有了二人今天不同的结局。

可见，无论古今，诚信都是社会经济发展的道德基础。“诚信”作为一种道德规范，是个人与社会、个人与个人之间相互关系的基础性道德规范，也是市场经济领域中一项基础性的行为规范。没有了诚信，人们的经济生活、政治生活、社会生活就失去了基本的维系和支撑；缺少了诚信，经济发展和社会进步就缺少了前进的动力和可靠的保证。

美国著名出版家哈伯德说过，“诚实是建立信誉的最佳途径”“诚实是致富的圣经”。他认为在商业社会中，最大的危险就是不诚实和欺骗，那些用动人的广告来哄骗消费者，用投机取巧的方法来欺骗顾客，虽然暂时可以赚到一些钱，但商人的信用和人格丧失殆尽。他说，在美国众多商行中，很少有长达上百年历史的。过去美国大多数商店，都如昙花一现，这些商店在开业时通过欺骗的方式吸引了许多顾客的注意，固然繁荣一时，但是他们的繁荣是建立在不诚实和欺骗基础上的，不久这些商店就关门大吉了。他们以为可以从欺骗顾客中得到好处，事实上，他们的欺骗手段终于被顾客发觉，于是许多商店的业绩日趋下降，业务逐渐紧缩，导致歇业破产。因此，哈伯德得出结论：诚实信用的声誉是世界上最好的广告。与一个欺骗他人、没有信用的人相比，一个诚实信用的人其力量要大得多。

现在，我们要发展社会主义商品经济，很重要一点是要加强诚信教育，让大家认识到做人和经商都应讲诚信。要让大家明白讲诚信的好处，不讲诚信的坏处。《中庸》云："自诚明，谓之性；自明诚，谓之教。诚则明矣，明则诚矣。"这就是说，由诚而自然明白道理，这叫天性；由明白道理后做到真诚，这叫作人为的教育。真诚也就会自然明白道理，明白道理后也就会做到真诚。

恪守契约，明理赚大钱

SOHO（公司名称）中国有限公司董事长潘石屹评价韩国小说《商道》说："《商道》不仅是给商人看的，是人人都要看的。林尚沃的'商道'从始至终就是贯穿应怎么做生意。他的故事给我的启发是，要做好生意，最重要的不是积累金钱，而是积累信誉，积累人心。如果你真正拥有了人心，也就有了钱。"其实这就是说的"得道多助，失道寡助"。

1915年圣诞节前夕的一天，3个蒙面歹徒持枪将美国罗迪银行洗劫一空。20世纪初的罗迪银行，是佛兰普科斯·罗迪用来吸引移民的小额存款成立的一家小银行。

消息传开后，储户们蜂拥而至，纷纷要求提款。虽然罗迪尽了最大努力兑付，但仍然无法支撑，最后只得宣告破产。250个储户共损失1.8万美元。一位银行家对罗迪说，银行遭劫按规定可以免债，既然已经宣布破产，存款也就不用还了。可罗迪说，法律也许是这样的，不过我个人还是认账的，这是信用上的债务，我一定要归还的。

为了还债，罗迪白天杀猪，晚上为人补鞋，让年龄大一点的孩子在街上卖报。就这样，一家人省吃俭用，慢慢积累，一笔一笔地偿还。听说一位储户患了重病，生活困难，他就通过邮局把那位储户多年前存的177美元寄去。从这以后，罗迪立下了一个规矩：有一点钱总是先还最困难、最需要的储户。由于时间太长，有的储户因地址变更联系不上了，罗迪就在当地报纸上刊登广告，寻找存款人。有一次，他从一篇新闻报道中发现了加利福尼亚的3位储户，便把存款寄给了他们。这3个人收到钱后非常感动，其中有两个人还把钱退了回来，请他转赠给穷人或他们的孩子。1946年的圣诞节前夕，罗迪银行被抢31年以后，他终于还清了250个储户1.8万美元的存款。罗迪决定带领一家人重操旧业，罗迪银行又重新开始营业了。为此，罗迪的孩子们向过去所有的储户或他们的孩子寄出一张圣诞贺卡，贺卡上这样写着："家父佛兰普科斯·罗迪经营的银行1915年遭劫后被迫停业，但当时家父曾向各储户保证日后必将存款归还。经过多年的奋斗，我们兑现了当初的承诺，已还清了全部存款和利息，现罗迪银行重新开业，欢迎你们再次光临。祝大家圣诞快乐！”

贺卡发出后，散居在美国各地的老储户，不管道路有多远，都特地来到纽约，把钱存到罗迪银行。同时，他们还把自己的亲戚和朋友也都介绍到这里来存款。在短短的几年时间内，罗迪银行便在规模上发展成美国名列前茅的私人银行。

一家破产之后重开的银行能够迅速占据美国银行业的一席之地，很显然是因为罗迪的诚信行为。他的品性和行为让他得到了很多人的帮助，因此能东山再起。

经商是为了赚钱，但如果只是本着赚钱的目的去经商，也许在短期内能够赚到一些钱，但是从长久来看是不利的。赚钱的秘诀很多，而真正能够称得上成功的人，赚取更多的是人心，是“道”。

华龙方便面可以说是中国方便面行业的巨头之一，而它之所以成为巨头，也只有一个原因，那就是“得道多助”。建厂之初，创始人范现国就在产品质量上立下一个规矩——“宁让客户挤破门，质量不差半毫分”，把抓好产品质量列为首要任务，制定了严格的质量管理制度。为确保食品安全，华龙投资数百万元建立食品安全检测体系。一袋华龙方便面从原料购进到加工过程，再到出厂检测等，一共要经过 200 多道检测关卡，才能出厂销售。

除了公司的质量检测中心外，他们还在各个制面分厂和油炸分厂分别建立了面粉和油料常规检测机构，车间也建立了检查登记制度和观察检测办法。这样的 3 级检测体系，把方便面从外观观看颜色、品尝味道，到包装进袋、产品批号、外观包装等全部置于全体员工的监督之下。一旦发现质量问题，当即重新检测，超过标准的在各个环节都会被拒之门外。

不仅在生产上如此，在经营上，他们也把商德、商誉放在第一位。集团本来对经销商装车运货有规定：运行20千米以内，货车出现问题由华龙集团负责；20千米以外，由经销商负责。实际上，不管货车在什么地方出事，只要华龙接到求助电话，都会伸出援助之手。

2000年11月，北京昌平总经销蔡贵香自带车拉了8吨华龙面，货车在巨鹿外30多千米处出了事故，翻在路旁。华龙人闻讯后立刻带车赶到现场，把未损的面装到货车上，并把碎面全部无偿更换。蔡贵香十分感动，回去后立即做了一面锦旗送给了华龙集团。

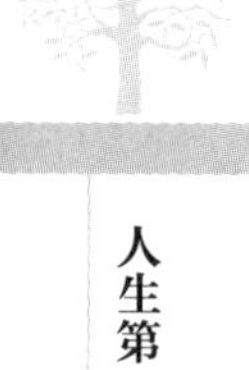

2001年秋，山西一位经销商拉了一车面在衡水市境内出现问题，怎么也装不好，他便给华龙后勤部打了一个电话。接到电话，华龙马上派车派人赶到现场，顾不上喝一口水，吃一口饭，连夜把方便面装上了车。经销商激动地说："华龙不仅讲信用，而且真有感情。"

其实，类似这样动人的事很多，有时客户翻车，遇到车祸，范现国都亲自带上慰问品到医院看望受伤客户。对此，客户感动不已，一传十、十传百，使华龙形象在客户心目中十分高大，因而也获得了客户的忠诚回报。目前，崛起在中国农村腹地的华龙集团，市场网络已覆盖全国的31个省、市、自治区，年销量已跃居全国同行业第二位。华龙10年间以诚信服务推进了"本土化战略"，建立起了庞大的营销网络，从而形成了"三分天下有其一"的市场格局。

经商经营的其实还是人心，人心的向背决定事业的成功与否，长久与否。举凡成功的商人都是得到了人心，所以能够成功，并且能够长久经营并发展壮大下去。无论是罗迪银行还是华龙面业，都是因其秉承至高的“商道”才能聚得人心，才取得成功并且长久发展下去的。

不义之财， 到手都不去索取

“吃亏是福”，这句话很多人都知道，虽然真正肯“吃亏”的人并不多。在日常生活和工作中，没有哪个人没吃过亏，只是每个人吃的亏不同而已。古人说：“吃一堑，长一智。”因此，我们不要总是怕自己吃亏，吃亏不仅是福，还是财富。当今现实社会中有不少成功人士无不是在吃了无数次的亏之后，才取得事业的成功与辉煌的。他们懂得有时候吃亏只不过是表面的吃亏而已，吃亏了马上就会有更大更多的获得，赚钱从吃亏开始，会吃亏就会赚钱。对一个创业者来说，敢于吃亏，善于吃亏，是一种沉稳的胆识，也是一种坚定的风度，更是一种创业的智慧。

有一个人很愿意“吃亏”，并且以吃亏而赢得了客户、创造了财富，做大了事业，他就是欧兰特卫浴达州经销商王海生。“顾客就是上帝”，这是王海生的经营理念。对于这一理念的实施，他不是浮于表面，而是深入内部、将服务做进顾客心里。接受到顾客对产品质量的反馈意见之后，他会及时向厂家反映，在最短的时间内让顾客满意而归。他还会根据顾客对产品的要求为其量身定做，顾客在使用产品的过程中，出现任何质量问题，王海生都承诺一年内无条件更换；而且顾客可到展厅里任意挑选，PVC（聚氯乙烯）浴室柜也可换橡木浴室柜，两者之间的差价由王海生自己承担。最让人称赞的一点是产品若是人为损坏，只要面积不大，王海生都会以新换旧，厂家所需的维修费也一律由他本人承担。王海生还承诺：产品在赔偿时，不论价格，只要顾客喜欢都可选择。这样“吃亏”的经营方式让王海生获得了巨大成功——顾客100%满意。

王海生始终将顾客、厂家摆在前面，把自己放在最后。他时常将做生意比作钓鱼，他说：“钓鱼是放长线，有赔才有赚。做生意也是如此，不能太计较一时的得失，要站高看远，千万不要‘只见锥刀来，不见凿头方’，为了一时的小利，失去长远的利益。”王海生的吃亏战略也许入不了“聪明人”的法眼，但有一种智慧叫作大智若愚。王海生就像愚公移山那般一如既往地坚持了下来，最后他便取得了让所有人都羡慕的成功。现在看来，王海生的这种“吃亏”有一种味道：先苦后甜。说到底，它是商业上的一种长远投资，回报是巨大的。

懂得吃亏，会吃亏的人，不止王海生一个。

在日本有一个人叫岛村，他不名一文，却梦想着发财，想来想去，他想出一个办法。他选择了本钱很少的麻绳生意。他先在麻绳的产地按5角一条买进麻绳，又照原价5角一条卖给纸袋厂。很快岛村的名声出去了，如此傻帽的经营方式，使得订单如雪片般飞来。于是他采取了第2步行动，他找到客户，说原先是不赚一分钱卖给他们的，如果长此以往，他就无法生存。他的诚意感动了客户，客户们心甘情愿地把价格上升到5角5分，这仍然比别的麻绳商家便宜，销量仍在上升。然后，他又用诚意感动了供货商，将价格降到了4角5分。岛村的生意越做越大，几年后，他从一个穷光蛋变成日本的“麻绳大王”。几分钱确实是小钱，然而汇集起来就成了大钱。真正的商机往往蕴含在平凡的事物中，其实就是常说的买卖经，薄利才能多销，多销才能赚钱，由小钱积攒大钱。

在当今这个充满竞争的社会里，吃亏是难免的，实际上真正吃亏的，往往不是老实人，而是那些自认为聪明，搞些小手段、拉关系、走后门、行贿受贿，乃至贪污、盗窃、诈骗的人。他们从表面上看似乎是赚了，但终究是会受到道义上的谴责，情节严重的还要被追究刑事责任，难道他们不是在吃大亏吗？

刘少奇同志所说的“吃小亏，占大便宜”，就是指老实人。老实人能甘愿吃一点小亏而泰然处之，因此最后往往得大于失，而不是吃亏到底。反之，如果一个人“热衷”于贪小便宜，那吃大亏的日子也就离他不远了。由此可见，吃亏是福，吃小亏占大便宜，我们要会吃亏，肯吃亏，善于吃亏，吃出风格，吃出水平，吃出财富来。精明的商人亏吃在明处，便宜占在暗处，让消费者被占了便宜还感激不尽，这就是经商的智慧。

靠欺骗难发大财

人人都说，厚道是做人的基本准则。其实一个企业要能够成功，能够长期地发展，也需要厚道。企业也像一个人，只有厚道的经营者才能使企业得到员工与客户的认同，才能将企业做大做强。

力帆控股集团董事长、全国工商联副主席尹明善在阐述力帆集团的创新思考时说："其实一个老板，不必要有太大的能耐，最要紧的是要厚道。"

天津三枪电动车专卖店生意火爆，有人问老板王伟是怎样揽到这么多客源的，到底有什么秘诀。王伟指了指墙壁上挂的一幅字说："秘诀就在那儿。'老板厚道，员工地道，关系和谐，生财有道'，这十六个字就是我的秘诀。"

其实很多大的企业家成功的秘诀之一，就是厚道经营。

格力空调在国内空调行业不是最具实力的。同行之中，海信、海尔、美的、奥克斯、志高等国产品牌加上三星、乐金（LG）、东芝等外资品牌，都有着极强的市场竞争力。这一行业的竞争也十分激烈，尤其是人口大省山东，一直是空调厂家的必争之地。格力空调作为广东珠海的一个家电企业，却能在山东这样竞争异常激烈的省份连续十几年快速增长，市场占有率从零到20%，再攀升到45%，成为行业里地位不可撼动的老大。它成功的秘诀只有两个字——厚道。

山东格力电器市场营销有限公司董事长段秀峰说："我非常喜欢曾经热播的《闯关东》这部连续剧，剧中的主人公朱开山虽然知识层次不高，但是他有文化。他凭借着自己的勤劳、果敢、正义和智慧，把一个十几个人的大家庭经营得井井有条。这部片子为什么不叫'走关东'或者'下关东'？一个'闯'字，活灵活现地展示出了山东人的厚道与智慧，更展示出了深厚的齐鲁文化内涵，这才是大智慧。"在他看来，格力的"厚道"成就了今天的成功。

在格力，"厚道"经营的例子非常多，有一个典型的案例是：1995年，格力成立了行业内第一个筛选厂，现在这个厂的规模已经达到了1000人，不管是格力自己生产的零部件，还是外协厂采购来的零部件，都要经过这个厂用最原始、最苛刻的办法——人工逐一检验出来，目的是为了不让消费者当试验品。几年前，格力空调几乎是不打广告的，而是凭着消费者的口口相传，夺得全球连续4年销量第一、国内连续14年销量第一的佳绩，这是消费者用人民币投票选举出来的结果。2009年，“国家节能环保制冷设备工程技术研究中心”正式落户格力。这是中国制冷业第一个，也是目前唯一一个“国家节能环保制冷设备工程技术研究中心”。而这一切都是因为格力厚道经营的结果。

广东金冠涂料公司在成功发展中发挥重大作用的也是“厚道”。在刚创业不久时，有一次，半夜三更，一个家具厂打电话给创始人周伟彬要货。周伟彬二话没说，翻身起床，亲自将货从仓库里搬上车，又连夜赶了十几里路，及时将涂料送到那家停工待料的家具厂。客户见到周伟彬亲自起床送货，十分感动，抓住他的手诚恳地说：“太感谢你了，我还以为这么晚了你不会来了。就凭你这份急客户之所需，想客户之所想的服务，你们的产品，我们长期订了。”

1998年8月，云南曲靖一位经销商带着3万元现金到金冠公司进货，却在广州至顺德的汽车上遭窃。到金冠公司后，他十分焦急，担心这一趟丢钱不说，还要白跑一趟。得知原委后，周伟彬对他说：“你放心，钱是小事，我们相互支持，不管丢的钱是否追得回来，货一定跟人走，你前脚回云南，我们的货后脚就跟着到！”周伟彬又安排车间按原订单突击生产，并责成员工在3天内将货装箱发送。同时又跟当地公安局取得联系，根据经销商提供的线索，协助公安破案，帮助客户追回了丢失的3万元现金。

四川邢县的一位经销商有一次急需4罐3千克装的抗黄漆，尝试着打了个电话给金冠公司销售部，结果第3天就收到了金冠公司航空托运过来的4罐油漆。由于高昂的航空运输费用，这单生意几乎不赚什么钱，但周伟彬并不在意，他认为客户急需就是公司自身的急需，多花点运费值得，重要的是赢得客户的信赖。该经销商回电致谢时诚恳地说："只要我还做油漆生意，金冠就是我的首选！"

凭着厚道经营，再加上领先国内涂料技术十几年的技术水平，金冠公司在市场上取得很大的成功，很快便成为行业里的巨头。到现在，已经建立了200多个总经销处，1000多个经销点，建立了涂料行业最广阔的营销体系，确立了金冠公司在行业中的竞争优势地位。而周伟彬也成为坐拥8亿元资产的"涂料大王"。

做人厚道，必有回报，经商厚道，必然会赚钱。商人只有以忠厚立本，只有厚道才能给人以信任感，建立起长久的买卖关系，方能赚到大钱。所谓"君子爱财，取之有道"，一个成功的商人必定是厚道经营者。市场是优胜劣汰的战场，需要认真生产每一款机器，认真对待每一个客户，认真做好每一次售后服务；要在质量上做到优秀，要在信誉上做到诚信，要在态度上做到勤恳，要在服务上做到令人满意，才算是厚道经营。

培训实操

做人做事的21条诚信法则

①不要老强调自己诚实

②主动自揭缺点

③不要扮通天晓

④语调清晰且肯定

⑤约会守时

⑥别小看小额金钱

⑦责任感

⑧勇于认错

⑨先提醒，后进言

⑩使盛怒中的人相信

⑪复述对方的要求

⑫运用语调

⑬表现坚强

⑭提高自制能力

⑮与人谈话时要专注

⑯关心失意者

⑰衣着表诚意

⑱善待第三者

⑲喧哗显示缺乏自信

⑳小动作破坏诚意

㉑不要过分标榜

第三章

学会用信息赚钱

——抓住隐藏在身边的商机

得信息者得天下

赚钱，有一个最基本的理论，那就是信息不对称理论。

何谓信息不对称理论？简言之，信息不对称理论是指在市场经济活动中，各类人员对有关信息的了解是有差异的；掌握信息比较充分的人员，往往处于比较有利的地位，而信息贫乏的人员，则处于比较不利的地位。该原理认为：市场中卖方比买方更了解有关商品的各种信息；掌握更多信息的一方可以通过向信息贫乏的一方传递可靠信息而在市场中获益；买卖双方中拥有信息较少的一方会努力从另一方获取信息。

尽管现在已经是互联网时代，人们获得信息的渠道很多，但是很多时候还是存在着信息不畅通、信息不对称现象。

我们身边很多赚钱的现象都可以拿这个理论来解释。你去看病，因为医生是专家，而你在治病方面一无所知，所以，你得了病，只能乖乖地去花钱治病。

如果你能充分理解并运用这个理论，那么赚钱对你来说就太轻松了。

如何利用信息不对称理论来赚钱？你可以从以下几点来考虑。

1. 人际间的信息不对称

每个人都有巨大的信息需求，如果你能利用这一点，在人与人之间建立一个信息载体，提供给别人需要的信息，那么你就很容易赚钱。这里的关键点就是要做到：人无我有，人有我优，人优我转。

2. 地域间的信息不对称

如在香港热销的产品，在内地还没有，那么拿到内地来卖，也能轻松赚一笔。

3. 时间上的信息不对称

如国外互联网创富技术比国内至少提前5年，若你能把国外的创富技术推广到国内，那么就够你赚的了。同样一个产品，如果你比别人先提供给别人，那么赚钱的当然是你了。

中国人有一句老话："吃不穷，穿不穷，不会算计一世穷。"先不说你能够赚多少钱，如果你能用1元钱买2元钱的东西，那么你的钱就会凭空多出来一倍。

但是，这种好事真的能落到我们头上吗？是的，我们之所以以前不明白这回事，是因为我们不明白商品价格里面隐藏的真实信息。

让我们来看看某超市因购进不合格豆制品引起消费者诉讼的事件。

> 上海的一家豆制品公司为降低成本，增加赢利，从小贩手里购进不合格的豆制品搭配着自己的产品送入某大型超市，结果消费者拉肚子，一查才知道真相。以豆皮为例，上海的食品公司从小贩手中以每斤2元购得，按每斤3.5元卖给超市，超市再以每斤4.6元卖给消费者，价格上涨了130%。

这就是商品价格里面隐藏的信息。豆皮这一商品从小贩手中上涨75%到达食品公司手中，又上涨55%到达消费者手中，消费者花4.6元购得的是仅值2元的商品，消费者何以必须付出这样大的代价？加上产品品质的不合格带来的身体和精神的损害，代价则会更大。

这种事情为什么会频频发生？说到底，还是信息不对称“惹的祸”。

我们知道，价格垄断是以信息垄断为前提的，假若消费者知道豆制品的信息，一定不会买这种商品。信息不对称的直接后果就是导致较高交易费用的产生。美国经济学家罗伯特·库特纳在他的作品里痛陈了价格垄断的弊端，他列举了许多例子：李维牛仔在伦敦的售价是纽约的两倍；买同样的唱碟、洗衣机或洗碗机，英国的消费者花的英镑比美国消费者付出的美元要多——为什么一辆福特牌轿车在美国1万美元即可买下，在英国要花2万美元才能到手？中国上海大众的汽车以8000美元出口，但国内的消费者却要付12万元人民币。导致价格悬殊的最主要原因是长久以来的价格垄断。

商品的价格为何一再抬高呢？其中蕴涵着什么不可告人的秘密呢？

我们知道，消费者要获得一件商品，需要通过许多的渠道，这些渠道就是商品的流通渠道，一般情况下是：产品的生产商—经销商（总代理商）—批发商（一级或多级）—零售商—无数分散的消费者个人。在流通渠道中生产商是产生商品使用价值的供给者，而商品价值的形成，除生产商之外，还有许多的中间商，使得一件产品的厂价和零售价相差很大的。

由于各种各样的原因，造成生产商与消费者双方之间关系的被阻隔，一件商品的售价，从厂家到消费者手中，价格上升了许多，有的甚至是以倍数增长，消费者多数的劳动成果（金钱）并没有付给产品本身，而是付给了渠道中各个层次的商人们。

可是消费者的选择和购买并不是为了经销商，而是为了选择生产商。商人并没有创造价值，他们只是掌握了信息的一端，实际上正是因为信息的垄断才赋予商人向消费者获取利润的权利，商人获得的是一种信息租金。

消费者在供大于求的市场条件下仍然不能克服信息弱势所带来的价格欺诈。不仅消费者由于信息不对称经常蒙受损失，生产商在对消费者信息的把握上也同样存在着不对称信息的弱势，有时候真正的需求得不到相应的满足，而真正能提供满足的商品无法到达真正的需求者手中。

识破了信息不对称的秘密，在购物消费过程中消费者要尽量了解市场的信息与商品的信息，通过分析、比较、核算估计出某一类商品的价格成本，再凭自己讨价还价的功夫，那么一定可以用1元钱或者更少的钱买到2元钱的东西。

对同一件商品，从多个角度进行分析核算，会让你对消费的价格、商品的价值把握得更透彻。下面的例子也许可以给你一些启发。

2002年世界杯的时候，球迷小Q为了看球，并不富裕的他花470元买了一台21英寸的二手彩电。可是世界杯后不久，因为工作被公司调到青岛，所以小Q不得不退房并处理自己添置的家具、电器。这下可让小Q犯了愁，因为他在买东西、卖东西方面几乎是个“生意盲”，平常连为自己买衣服都得女朋友拿主意，更何况这些价值难以估算的旧家具、旧电器呢？

小Q想着尽快把东西处理掉，于是他傻傻地盘算着：房东是个不错的选择啊，又好说话，又省得搬来搬去，150元可以卖给他。谁知道这个想法一说出口，马上被女朋友疾言厉色“否决”了。

“什么？150元？起码得300元！”小Q没有说话的资本，只好讪讪地赔着笑脸。

但是万一房东不要了呢？无奈之下，小Q想起经常搬家、经验丰富的好朋友小F来，连忙打电话求教。小F果然是个中老手，他听了一下情况后，就侃侃而谈地为小Q分析：

“如果房东的出租屋有了这台电视，加上原来的厕所和热水器，基本设施就比较齐全，房东可以提高房租获得额外的房租收益。你刚去时房租150元，修好厕所后160元，现在有了电视，房租应可提高至180元，而这台电视正常情况下还可使用两年，那房东为买电视付出的成本可获得480元的收益，所以你的开价应以480元为计算依据。”

小Q听了这一番分析后，胸有成竹地跟房东交涉，果然顺利地以280元的价钱将这台电视卖给了房东。女朋友听说后，也不得不举手佩服。

从这件事中我们可以看到：第一，整体的效益要大于个体效益的简单相加；第二，无论是买东西还是卖东西，都应该加强量化的意识，我们往往习惯凭感觉判断，缺乏具体分析和精确计算。其实很多看似简单的东西是有章可循的，如果在日常消费中有意识的多量化，那会使我们的消费行为变得更科学、更理性。

其实卖电视这件事还有另一种计算思路：假设开价A元，已使用5个月，那这5个月的使用成本为$470-A$，月成本$(470-A)/5$，这可以看作我以月租金$(470-A)/5$租用电视5个月，如果租金是合理的，那开价A也就是可以接受的。

从多个角度对产品进行分析，有利于对商品更深入的了解。这样，消费者在购买商品时，就不会光凭自己的感觉，而会从总体的利益来进行冷静的思考，就会更得心应手。

准确定位目标， 做到有备而战

1. 产品质量定位

一般的观点认为，产品质量越高越好，质量越高，价值就越高，但事实上，这种观点并不一定是正确的。一方面，质量的衡量标准是很难量化的，即使通过某些质量标准，如国际标准化组织（ISO）质量系列的认证，说明你的产品质量是合乎标准的，但在市场上，尤其消费者的认同并不一定与这些标准相符合，消费者对质量的认识往往有其个人的因素；另一方面，市场上并不一定都需要高质量的产品，在许多区域市场，尤其是发展中国家市场，消费者往往更青睐于质量在一定档次上，但价格更便宜的产品。因此，对产品进行定位应该建立在充分的市场调查与分析的基础上，做到有备而战，能够正确认识质量的位置。消费者对于市场上产品质量的要求、消费者对质量的认识水平、市场上同类产品的质量标准等应该成为企业质量定位的重要考核因素。

在质量定位上成功的企业比比皆是。

我国台湾伞在进军美国市场时，备受冷落。他们认为美国是一个有钱社会，一定是因为自己的伞太低档，于是下大力气，提高自己产品的质量层次，但结果是在美国市场仍不受欢迎。台湾制伞业大惑不解。这时，有位营销专家建议应该把质量定位在最低层次上，成为一次性产品，肯定能打开市场。制伞厂老板如法炮制，果然一举奏效。现在，台湾低档伞在美国占据了主导地位。

天津“狗不理”包子闻名全国，至今已有100多年的历史。现今，人们的口味不断提高，各种名家菜系不断涌现，而“狗不理”作为一种最普通的大众化食品，非但牌子不倒，反而生意越来越红火。“狗不理”享誉全国、长盛不衰的秘诀何在呢？“狗不理”包子的经营者懂得，若想使包子这样一种大众化商品经营成功、出人头地，必须要在质量上下狠工夫。“狗不理”包子100多年来脚踏实地攻优夺誉，创出了名牌形象，获取了经营的成功。“狗不理”包子的质量定位就是先质后量、以质求量、用质竞争。

企业在进行质量定位上，还应该考察质量的边际效益，即质量的边际投入和边际收益应相等，也就是花在质量提高上的最后1元钱要收到相同价值的收益。这个提高了质量档次的产品，在市场上销售肯定比其他产品能有更高的价格，当高价售出产品后产生的增值大于为提高档次所投入的费用时，那么，把产品定位在高质区就是正确的。如果产品质量继续提高，产品成本继续增加，当为提高质量所投入的成本与获得的收益相等时，我们就到了一个点，这就是我们的质量定位点，低于这个点，我们的产品还有潜力可挖；高于这个点，则企业得不偿失。

2. 产品功能定位

产品功能定位是产品定位的一个重要内容之一。在市场竞争中，企业在比较同类产品的优劣时，往往提及性能价格，比即性价比，性价比往往能够左右消费者做出购买决策。同时，性能也是考核产品的一个重要指标。从某种意义上来说，性能指的是产品的功能。功能是产品的核心价值，功能定位直接影响产品的最终使用价值。

宝洁公司出品的洗发水中，飘柔的功能定位是“柔顺”；海飞丝的是“去头屑”；潘婷的是“健康亮泽”；沙宣的是“垂直保湿”；而伊卡璐的则是“气味芬芳”。这些不同功能定位的产品为它们各自找到了目标顾客群。

今天的手机不只是手机，还是照相机、音乐播放机，甚至是游戏机。虽然厂商都争先恐后地为手机加上许多新的功能，但是越来越多的消费者面对这样的手机时，都显得无从下手，埋怨它用起来实在不方便。这就是产品经理经常会遇到一个两难的选择：增加产品功能，提高了产品对消费者的初试吸引力，但降低了消费者的最终满意度。由此可见，创新不是添加新功能 而是做出符合市场定位的产品。

影响企业产品功能定位的因素是多方面的，有企业自身实力因素、市场需求因素、地域市场因素、消费者因素等。在进行功能定位的过程中，企业要综合考虑这些因素，并且能够明确哪些因素是决定性因素。

功能定位一般分为单一功能定位和多功能定位。定位于单一功能，则造价低，成本少，但不能满足消费者多方面的需要；定位于多功能，则成本会相应地提高，然而能够满足消费者多方面的需要。同时我们也能看到，不同的行业对于产品功能的定位有着天壤之别，如房地产与服装的功能定位，房地产功能定位往往着重于绿色、人性化、科技化多方面等，而服装的功能定位往往比较单一。当然，产品功能定位策略除了看企业自身的发展需要，还得切合市场的需求，这才是最重要的。

3. 产品体积定位

产品体积定位大小的问题也是产品定位时的热门问题。比如手表，男士表宜大，女士表宜小，老人表宜中。大有大的好处，小有小的可

爱。企业采用大或小的体积定位要视具体情形而定。产品体积定位更多地表现为企业参与竞争的一种营销手段。在这方面，电器设备、通信产品和电脑产品尤为明显，消费者越来越青睐质量相当，但体积更小的产品。正是在这种消费需求的影响下，超薄笔记本电脑、掌中电脑、商务通、微型手机、超小型家用电器等被推向市场。

过去，棺材行业是一个很大的市场，但随着火葬的推行，又大又笨又占地的老式棺材日渐淘汰，一个庞大的市场正在消失，取而代之的是骨灰盒。但几千年来的文化积淀，使人们对骨灰盒在潜意识里很反感，把逝去的亲人装进那样的一个小方盒子里似有不恭之虞。于是，广西有一家公司抓住人们的这种心理，推出了微型工艺棺材，雕龙刻凤，保留了传统棺材的特征，又增加了富丽堂皇的外观。消费者购之，可以以此寄托对死者的哀思。微型工艺棺材一上市，一炮走红，在东南亚一带尤为畅销，公司得到迅速发展，据说产值已超过亿元。

4. 产品色彩定位

产品色彩定位是在广告宣传中运用色彩表现产品之美感，使消费者从产品及其外观的色彩上辨认出产品的特点。与体积定位一样，色彩定位更多地表现为企业参与竞争的一种营销手段。

色彩能够给人以美的感受，能令人产生美好的感情，可以寄托人们美好的理想与期望。色彩可以传达意念，表达一定的含义，使消费者能够准确地区分出企业产品与其他产品的不同，从而达到识别的效果。

时尚产品采用色彩定位往往会取得很好的营销效果。专业调查结果显示，全世界每年价值数千亿美元的时装消费大多是为色彩的潮流所驱动的，这就是色彩定位的巨大力量。时尚性的潮流周期不长，变化很快，所以在广告宣传中色彩定位必须能够把握时尚的脉搏。

再如，从黑白电视，到彩色电视，到纯平彩电，再到背投、等离子电视，反映出消费者对于产品色彩要求的日益重视。大到店面的设计，小到产品的包装，色彩的力量无不在影响着消费者的购买行为。

在产品处于同一水平线时，如果企业能够率先对产品色彩进行重新定位，同样能够在市场上树立鲜明的产品形象，给消费者留下深刻的印象。对产品色彩多样化的追求反映了消费者更注重需求的个性化。

5. 产品造型定位

产品造型定位，就是在广告的活动中，集中力量来告诉消费者，该项产品在外观造型上与其他产品有什么不同之处，以美观、新颖、奇特、时髦的造型来诱发消费者的喜爱，进而激发他们对商品的购买欲望。

比如，我国某地区有农民企业家一改用玻璃瓶装酒的惯例，改用葫芦装酒，这种新包装的酒一上市就备受消费者的欢迎，产品供不应求。

消费者个性化需求的发展直接导致了产品造型的不断更新，企业产品采取什么样的造型或款式，这是产品定位的关键内容之一。一个恰到好处的造型定位，可导致在营销上一举成功，而一个蹩脚的造型定位，可以在营销上一败涂地。

除了那些基础产品如钢铁、光缆以及生活不可缺产品如大米、玉米外，其他的任何产品都可以采用造型定位参与市场的竞争。别出心裁的产品造型在市场竞争中能起到传递信息、树立优势的作用。在未来的营销中，造型定位还将会大有可为，也会成为更多企业参与市场竞争的武器。

6. 产品价格定位

产品价格定位，是产品定位中最令企业难以捉摸的。一方面，价格是企业获取利润的重要指标，价格最终会直接影响企业的赢利水平；另一方面，价格也是消费者衡量产品的一个主要因素，对价格的敏感度将直接决定消费者的最终消费方向。

现代企业的价格定位是与产品定位紧密相连的，价格定位主要有3种：高价定位、低价定位和中价定位。

实行产品高价定位策略，产品的优势必须明显，使消费者能实实在在地感觉到，否则情况就会不妙。行业领导者的产品、高端产品等都可以采用高价定位策略，而日常消费品不宜采用高价定位策略，否则很容易影响产品的销售。

采用高价定位策略应该考虑价格的幅度、企业成本、产品的差异、产品的性质以及产品可替代性等因素。如果不考虑这些因素的影响，盲目采用高价定位策略，失败是不可避免的。

在保证商品质量、企业一定的获利能力的前提下，采取薄利多销的低价定位策略能使产品更容易进入市场，而且在市场竞争中的优势也会比较明显。采用低价定位而取得成功的企业很多，美国零售巨头沃尔玛就是最典型的例子，在同类产品中，沃尔玛的售价是最低的，这是吸引众多消费者的最有力的武器。在我国，格兰仕同样也是采用低价定位策略进入家用电器市场并获得成功。

低价定位策略也可成为攻坚的武器，在残酷的营销竞争中，价格或成为一些企业的屠刀，或成为企业取得优势的撒手锏。现代市场上的价格大战实质上就是企业之间价格定位策略的较量。

中价定位是介于高价和低价之间的定价策略。在目前市场全行业都流行减价和折扣等价格或者高价定位策略时，企业采用中价定位，也可以在市场中独树一帜，吸引消费者的注意。

企业管理者应该明确：企业的价格定位并不是一成不变的，在不同的营销环境下，在产品的生命周期的不同阶段上，在企业发展的不同历史阶段，价格定位可以灵活变化。

总之，每一个企业，要找准产品定位，必须首先找准消费者及其需求特征，以突出产品功能和服务特色为定位的出发点，以恰如其分地满足消费者的需求为定位的归宿。

及时发现和抓住你身边的无限商机

许多没有发财致富、没有一番作为的人总会抱怨上苍没有赐予自己发展的机会，其实，机会无处不在，它每天、每时每刻都在环绕着我们，只是很多人对机会熟视无睹。而那些善于在别人熟视无睹的地方发现机会并且巧妙抓住的人，则能成就一番事业，实现自己的梦想。胡雪岩、李嘉诚、马云、比尔·盖茨等人无一不是发现商机、把握商机，创造奇迹的高手。

1950 年夏天，华人首富李嘉诚倾尽自己的多年积蓄连同向亲友筹借的 5 万港元，在香港筲箕湾租下了一间厂房，创办了“长江塑胶厂”，专门生产塑胶玩具和简单日用品，由此开始了他的创业之路。在最初的一段时期，李嘉诚顺利地赚了几笔小钱。但不久后，由于他对自身以及市场认识的不足，他的企业开始亏损，直至濒临破产的境地，李嘉诚为此付出了沉重的代价。

阵痛过后，李嘉诚开始冷静地分析世界的经济形势、香港的市场走向，寻找东山再起的机会。一天深夜，李嘉诚在最新英文版《塑胶》杂志上一个不太引人注目的角落里，看到一则有关意大利一家公司用塑胶原料设计制造塑胶花，并即将倾销欧美市场的消息。李嘉诚马上认识到，此时如果在香港大量生产塑胶花，肯定会很受居民的欢迎。

说干就干，急于走出绝境的李嘉诚马上开始了他的“转轨”行动，组织力量投入生产。既便宜又逼真的塑胶花上市后，很快为香港市民所接受，订货单源源不断，产品供不应求，很快，“长江塑胶厂”的名字为人们所熟悉。

李嘉诚借助一个偶然发现的商机度过了创业的危机，渐渐地走上了稳定发展的道路。“随时留意身边有无生意可做”，李嘉诚这句话的真正含义是：我们要随时和善于发现商机。李嘉诚是这样说的也是这样做的，在他 50 多年的商业生涯中，他一直保持着敏锐的商业头脑和超前的商业感觉度，这也是他的长江集团能逐渐做大做强的根本原因。

和李嘉诚一样，马化腾也是一个善于发现和抓住机会的人，他原本只是一个“超级网虫”，如今却拥有一家注册用户数亿的网络服务公司。如此巨大的转变只是源于他的一次突发奇想：在网上“寻呼”朋友。这个想法催生了如今最为流行的通信方式——腾讯 QQ。一个“拷贝”过来的想法，改变了上亿人的沟通习惯，引领了一种新的网络文化，更创造了一种新的赢利模式。

30 年前，美国人弗雷德·史密斯凭着一个想法——隔夜传递，被风险投资家看中，创办了“联邦快递”。如今，“联邦快递”已是全球最大的快递运输公司，在全球211个国家开展业务。同样是美国人的李维斯一次去矿上玩耍时，看到采矿工人工作时跪在地上，裤子膝盖部分特别容易磨破，于是他灵机一动，把矿区里废旧的帆布帐篷收集起来，洗干净重新加工成裤子，“牛仔裤”就这样诞生了，并且很快风靡全球。

可以说成就一个商人的最大要素就是商机，如果不会把握商机，一个商人不可能在竞争激烈的市场中脱颖而出，更不可能找到最大的财富金矿。正所谓商机无处不在，但是，要看我们有没有一双慧眼，有没有一颗敏感而灵活的心。一个一流的商人必须有一个像猎犬一样灵敏的鼻子，准确无误地“嗅”出哪里有金矿，哪里有机会。同时，还要拥有鹰隼一样的攫取速度，一旦发现目标，就一击而中。成功还是平凡，往往就在这一瞬间。因此，面对机会，一定要果断出手，不要迟疑。

我们身边的商机会有很多种、很多个，获得一个好项目是商机，得到一个不错的市场需求信息是商机，得到竞争对手的信息也是商机，了解到自己的一些缺点同样是商机。只要是能致富、能赚钱的机会和信息都是商机。商机不是等来的，要靠看、靠找、靠琢磨、靠感觉才能发现和获得。从某种意义上来说，机遇只青睐那些坚持学习、厚积薄发的人。

美国钢铁大王卡内基曾说：机会是自己努力创造出来的，任何人都有机会，只是有些人不善于创造机会罢了。机会是通向成功的捷径，只有不断发掘市场机会，才能商机无限，创造无限。勇敢地创造机会，发掘商机，财富才会扑面而来。

机遇只青睐有准备的人，一个有志成功的人会根据自身的情况做出适当和积极的努力，就像登山，只要肯攀登，就能登上山顶，虽然每个到达山顶的人走过的路可能会不同。俗话说“天上不会掉馅饼”“皇天不负有心人”，相同的商机面前，有人能举一反三，有人却能举一反十。用陷阱捕猎与用猎枪打猎收获不会相同，用猎枪打猎同骑上骏马、手握猎枪、带上猎狗出猎收获又不相同，这充分说明，只要创业者用心努力，就能把握机会，甚至创造机会，进而到达成功的彼岸。

生活就像一座永远开发不尽的“金矿”，还有许多“处女地”等着有心人去发掘、开采。活跃在市场的“缝隙”中，只要你有着独具的慧眼，便可以抓住商机，发现市场，开拓市场，做一个有才能的成功者。发现创业商机的能力也是当老板必备的素质之一，创业者在日常生活中需有意识地加强实践，培养和提高这种能力。

要想抓住机会，首先要注意培养自己发现商机的能力。要养成积极参与市场调研的习惯，要经常深入市场进行调研，了解市场供求状况、变化趋势，考察顾客需求是否得到满足，注意观察竞争对手的长处与不足等。

其次，要多看、多听、多想。俗话说，见多识广，识多路广。走动起来，广泛获取信息，及时从别人的知识、经验、想法中汲取经验和灵感，从而增强发现商机的可能性和概率。我们必须克服从众心理和传统的习惯思维模式，敢于相信自己，有独立思维和创新意识，有敏锐的感受力，不随波逐流，不为别人的意见和看法而随意放弃或者改变自己的主意，保持独立的思想意识和市场感觉，才能发现和抓住被别人忽视或遗忘的商机，脱颖而出。

真正的富有不只体现在金钱上，更贵在精神。真正的强人不怕从富有跌到贫穷，因为他们可以卷土重来，他们有能力东山再起。真正的成功人士也是不容易倒下的，因为他们懂得如何保护和发展自己的事业。

刚开始创业，要学会从身边的零碎生意做起，脚踏实地，走好创业的第一步，抓住机遇，稳步发展，这才是成功发财之道。

所有的商品都可以称作商机，因为所有的商品都是用各种方式生产出来的，比如各种化妆品，男人用的、女人用的，比如各种食品，速冻的、快餐的，比如各种用品，家用的、办公用的……只不过这些商机都已经是人家的，不是你的。

有很多聪明人，善于发现商机，“于无声处听惊雷”，把不可能变成了可能，把别人错过的机会变成了创造经济效益的“聚宝盆”。

20 世纪初，美国阿拉斯加发现了金矿，当来自美国各地的“淘金者”还在拼死拼活地挖矿，梦想发财的时候，卖水的、卖工具的已经发了大财——这是众所周知的故事。

在杭州朝晖小区有一家糖炒栗子店，生意火爆，天天有人排队。当有人询问老板其中的奥秘时，他说：“我做到了四条，一是用北方产的栗子，因为北方的栗子比南方的甜；二是用水漂的办法去掉所有的坏栗子，保证炒熟的栗子没有一个是坏的；三是我不在栗子上砍一刀（绝大多数糖炒栗子都是砍一刀的，因为容易炒熟），宁愿多炒把栗子闷熟；四是炒栗子的时候在沙子里真的加糖，使栗子外表光亮（有的店家在炒栗子的时候加蜡烛油，好看但是有毒，我们不做这种缺德事）。正是我做到了这四条，所以我每锅的加工时间就比别的小店时间长，顾客等的时间长，非要排队，人为地制造了排队效应。”现在这家糖炒栗子店在杭州已经开了 20 家分店，家家门口都在排队。同样是糖炒栗子的商机，其他的店家肯定做不过这家小店的老板。

还有一个卖鸡的摊贩，在菜场里卖鸡，一天卖不了几只，别的摊贩还欺负他是个外地人。后来他灵机一动，花了几千元钱到闹市区租了个门面，取了个店名，叫“江南土鸡专卖店”，直接从农村进货，竖起了广告牌——“饿了吃蚂蚱，渴了吃青草!”他还给每只鸡加了纸盒包装。尽管卖得比在菜场贵，还是顾客盈门，每天卖出去几百只鸡，供不应求。后来报纸一登，电视一放，更是不得了，江南土鸡成了名牌产品。别的摊贩变成了他的进货商，还要看他的脸色。

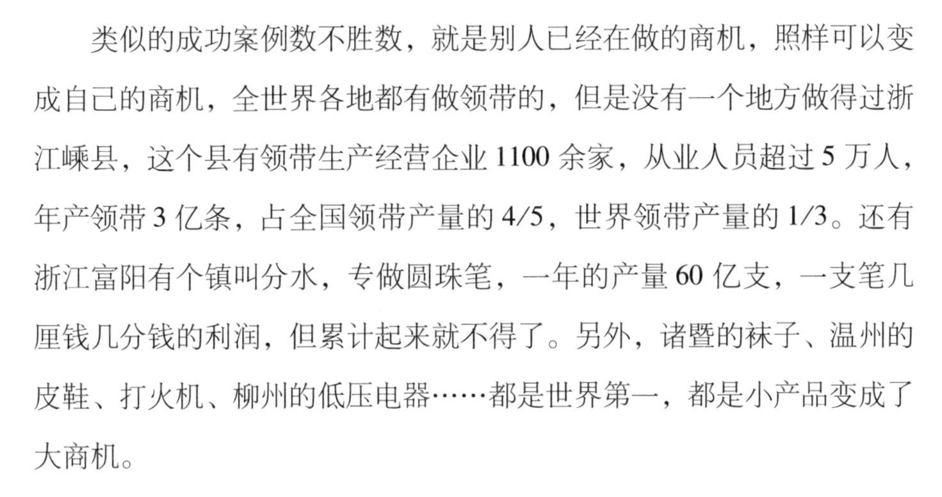

类似的成功案例数不胜数，就是别人已经在做的商机，照样可以变成自己的商机，全世界各地都有做领带的，但是没有一个地方做得过浙江嵊县，这个县有领带生产经营企业1100余家，从业人员超过5万人，年产领带3亿条，占全国领带产量的4/5，世界领带产量的1/3。还有浙江富阳有个镇叫分水，专做圆珠笔，一年的产量60亿支，一支笔几厘钱几分钱的利润，但累计起来就不得了。另外，诸暨的袜子、温州的皮鞋、打火机、柳州的低压电器……都是世界第一，都是小产品变成了大商机。

懂得从国事中嗅到商机

想要成功创业，就必须要保持灵敏的政策嗅觉。

李宏杰刚到重庆创业时，身上仅有3000元钱。由于资金少，李宏杰选择了炒干货生意。

“那时重庆的干货都是散卖，味道品种少，如果能把味道弄丰富一点，品种好一点，肯定有生意。”虽然李宏杰瓜子卖得比别人贵，但销售火爆。关键原因就是李宏杰在瓜子上做了点“手脚”，他买了一台小型的包装机，按照一斤、半斤等分量，把瓜子进行简单包装。“这样看起来上档次，市民情愿每斤多花2毛钱，扣掉5分钱的包装成本，同样的瓜子，我的利润是别人的两倍。”后来，积累了一定的资金，李宏杰决定自己办炒货厂。由于资金不够，李宏杰向别人借了几万元，在家乡租了一间300平方米的厂房做加工厂，买了机械设备开始干。由于李宏杰特别能吃苦，而且消息灵通，善于跟着政策走，他的厂子很快就发展起来了。

随着市场一天一天扩大，300平方米的厂房已经不能满足产品的发展需要，第二年李宏杰又购置了4亩土地修建标准厂房，其中一半出租给了别人，获取了更大的收益。也就是这次出租厂房的经历，李宏杰又看到了新的商机。“重庆市直辖以后，经济肯定会大举发展，随着市场发展的速度，特别是一些中小企业，往往来不及自建厂房。”李宏杰认真分析了重庆直辖以后的快速发展形势，立即抓住这一发展机遇，决定在修建厂房出租经营上大干一番。

说干就干，正好一个朋友告诉他说当时的沙坪坝双碑有土地转让，他听到消息当天就去考察，立即敲定并办理了一切手续，在双碑共投资上百万元买了10亩土地，修建了4000平方米厂房，自己安装了变压器等。厂房还没有修好，就有企业主动找上门来求租。

就在出租厂房的同时，李宏杰根据当时的政策做了一件事情——转手网吧牌照。“当时头有些闲钱，不知道投什么，恰好看报纸得到消息，说国家可能会停止审批网吧牌照。”李宏杰觉得其中隐藏着巨大的商机，于是他就开始四处收购网吧，卖掉废旧设备，只保留牌照。从中，李宏杰获得了极大利润。

从李宏杰的创业经历上，创业者可以得到这样的启发：创业要保持灵敏的政策嗅觉，懂得看清形势。创业生涯上的得与失，让李宏杰看到了政策的重要性："现在我不看市场形势分析报告，一分钱都不会投，只有顺应了经济发展政策，才能赚到钱。"

创业商机的五大来源

对于创业者来说，发现赚钱信息、把握创业机会的能力是必备的素质之一。在日常生活中，创业者需要有意识地加强培养自己市场调研的习惯，多看、多听、多想，才能发现和抓住被别人忽视或遗忘的机会。如果在以下五个方面多下工夫，可以提高对赚钱商机的把握能力。

1. 问题

商业的根本是使得顾客的需求得到满足，而顾客的需求没有得到满足就是问题。寻觅商机的重要途径，就是善于去发现和体会自己和他人在需求方面的问题或生活中的难处。比如，有一位大学生发现学生放假时有交通难问题，于是创办了一家客运公司，专做大学生的生意，这就是把问题转化为创业机会的成功案例。

2. 变化

曾有知名企业管理大师将创业者定义为那些能"寻觅变化，并积极反应，把其当作机会充分利用起来的人"。产业结构变动、消费结构晋级、城市化加速、人们观念改变、政府改革、人口结构变动、居民收入水平提高、全球化趋势等都是变化，其中都蕴藏着大量的商机，关键是要善于发现和利用这些商机。比如，居民收入水平提高，私人轿车的拥有量将不断增加，这就会派生出汽车销售、修理、配件、清洁、装潢、二手车交易、陪驾等诸多创业机会。

3. 发掘

美国人李维斯看到采矿工人工作时跪在地上，裤子膝盖部分特别容易磨破，于是他灵机一动，把矿区里废旧的帆布帐篷搜集起来，洗干净重新加工成裤子，“牛仔裤”就这样诞生了，而且风靡全球。李维斯将问题当作机会，最终完成了致富梦想。创业需要机会，而机会要靠发掘。

4. 新知识、新技术

知识经济的一个重要特征，就是信息爆炸，技术不断更新换代，这些都蕴藏着大量的商机。比如，伴着健康知识的普及和技术的进步，仅仅日常的饮水问题就带来了不少创业机会，各种净化水技术派生出诸多饮用水产品和相应的饮用水供应站，上海有不少创业者是通过加盟“都市清泉”走上创业之路的。

5. 竞争

商场竞争特别残酷，但既是挑战，也是机会。如果你看出了同行业竞争对手的问题，并能弥补竞争对手的缺陷和不足，这就将成为你的创业机会。因此，平时做个有心人，多了解周围竞争对手的情况，看看自己能否做得更好，能否提供更优质的产品，能否提供更周全的服务。如果可以，你也许就找到了创业机会。

第四章

学会用人脉赚钱

——人才就是钱财，人脉就是命脉

把你的人脉转化成财富

从表面上看，人脉虽不是直接的财富，但它是一种潜在的无形资产，一种潜在的财富。没有它，就很难聚敛财富。比如，你拥有很扎实的专业知识，而且是个彬彬有礼的君子，还具有雄辩的口才，但却不一定能够成功地促成一次商谈。但如果有一位关键人物协助你，为你开开金口，相信商谈成功不过是一件轻而易举的事情。

经过观察，我们不难发现，穷人与富人最大的区别就是穷人的朋友非常少，而富人的朋友却遍布天下。虽然古人说“穷在街头无人问，富在深山有远亲”，这固然有一定的道理，但是从另一方面来说，正是因为富人有了丰富的人脉资源，所以才拥有了巨大的财富。

因此，如果你想从一个穷人变成富人，那么你就要倾力打造自己的人脉网。

张景的生意如今已经做到了国外，有固定资产过千万元，而十几年前，他还只是一个来自河南乡下的穷小子，那么他凭什么赢得了如此多的财富？套用他自己的话就是“我能有今天，靠的都是朋友的帮助”。的确，是人脉造就了他这个千万富翁。

张景非常善于积累人脉，为了认识更多的朋友，他随身都带着自己的名片。他说："哪天要是出去没有带名片，我会浑身不自在，就像自己没有带钱出去一样。"

大学毕业后，张景被朋友推荐去了一家珠宝公司任总经理，负责在上海筹建业务。工作期间，他认识了第一批上海朋友，其中有很多都是在上海的香港人。在这些香港朋友的介绍下，他加入了上海香港商会，又经推荐当上了香港商会的副会长。利用这个平台，他认识了更多的在上海工作的香港成功人士。

后来，张景在朋友的推荐下开始投资房地产。由于当时上海的房地产已经开始火热起来，有时候即使排队也买不到房子。但在朋友的帮助下，张景不但很容易买到房子，而且还是打折的。几年后，在朋友的建议下，张景又陆续把手上的房产变现，收益颇丰。

据张景介绍，他目前的资产已经超过八位数，朋友则有两三千个。他说，自己的事业得到朋友的帮助，才会这么顺利。"包括开公司，介绍推荐客户和业务等，各种朋友都会照顾我，有什么生意会马上想到我。"

一些人之所以能从穷人转化成富人，是因为他们非常注重对人脉资源的投资，而一些人之所以一辈子都跳不出穷人的怪圈，是因为他们从来都不懂得积累人脉。所以，如果你想脱离穷人变成一个富人，那么就要有意识地去编织自己的人脉网，并不断地去丰富和发展它。

一个人的力量毕竟是有限的，如果能获得周围朋友的帮助，那么他的成功就会变得非常容易。在这个大鱼吃小鱼、快鱼吃慢鱼的时代，要想赢得财富，就应该从现在开始积累人脉，因为只有丰厚的人脉才会带来丰富的财运。

先交朋友，后谈生意

很多人经常有这样的感慨：成就一番事业为什么就这么难呢？这是实话，成功之路充满荆棘和坎坷，要想顺利到达成功的彼岸，单凭一个人的财力和智力，着实不是一件容易的事。但是，如果能够找到几个可以帮助我们实现梦想的贵人，那么成功就可以变得不那么困难，甚至会变得轻而易举。

放眼世上的成功人士，在他们奋斗的过程中，都曾得到过贵人的支持，许多人正因为得到了贵人的支持，才度过了人生中最艰难的时期，缩短了创业时间，走向了辉煌。同时，我们也看到许多事业初成的人因没有贵人相助，受窘于一时，辛辛苦苦建立起来的事业大厦毁于一旦。但是，如果有一个人能够在你前进的道路上帮你一把，那么你就会产生飞跃。

香港有一个有名的实业家叫李景全，他就是一个得贵人相助而成为富人的典型例子。从一个一文不名的穷人，到香港小有名气的实业家，李景全的成功之路给了穷人许多启示。当年独立门户时，李景全只有18岁，他在创业历程中曾得到贵人曾文忠的帮助。

不到18岁的李景全辍学开始了给人打工的生涯。第一份工作是在一家电子公司当电子零件推销员，名为推销，实际上就是一个送货员。他在这里干了一年，接触了很多电脑行家，其中就包括曾文忠。

工作期间，他逐渐对电脑业产生了兴趣，想自己创业当老板。

于是年仅18岁的李景全拿出2万港元积蓄和别人开了一家小型工厂，专替电脑商装嵌电脑界面板。由于经验不足，加上合伙人重视不够，李景全最终不得不与合伙人分道扬镳。后来，他给了合伙人2万港元退股钱，自己一个人承包了这家工厂。

此时的公司已经欠债20多万港元，但李景全并没有被打垮，而是以积极的态度面对。他找来一帮同学帮忙，短短一段时间，他公司每月营业额达到50万港元，半年后他便把所有的债务还清了。此后公司的业绩却一直平平，直到再次遇到贵人曾文忠。

曾文忠此时已经成为香港有名的电脑商。1985年，他的海洋电脑公司有意扩展业务，希望设厂进行生产。他马上想到了以前认识的李景全。曾文忠认为李景全年轻有朝气，与他合作可以放心；而李景全正想企业能有大的突破，于是双方签下合作协议，成了合作伙伴。

有了曾文忠的支持，李景全的公司业绩蒸蒸日上。几年后他到深圳设厂，将台湾的业务也抢过来不少。到1990年，工厂每年的营业额已近7000万港元，成为香港生产小型电脑板的著名厂家之一。

李景全的成功，就是贵人曾文忠起了很大的作用。试想，如果李景全没有遇到贵人，那么，即使李景全能成功，也不可能那么快。气球飞不起来，是因为它没有被打气；一辈子都不走运的人，是因为他没有足够的人缘。生命中如果没有一个贵人出现，你的道路就会变得艰辛。对于一个渴望成功的人来说，贵人就是其生命中的一个支点，凭着它，你可以轻松撬起不轻松的人生，让自己的生命绽放美丽的火花。

俗话说："顺风行船易，逆水驾舟难。"有经验的老水手，在大海中航行的时候，都善于借助风向，快速前进。而在人生的旅途中，借助贵人的力量也就如同顺风行船，能取得事半功倍的效果。

感谢那些打击过你的人

无论你是自己创业，还是在职场打拼，被人踹一脚的感觉应该不会陌生。很多人在通往成功的路上，都曾有过被人踹的经历。遭人踹并不痛苦，也并不糟糕，糟糕的是从来不曾被人踹过、折腾过。因为只有当一个人受尽折磨时，他的潜能才会被激发出来，而且，唯有此时，他才能越挫越勇，逼迫自己去突破现状。人性就是这样的，骨子里是懒惰的，充满了依赖和逃避，一旦到了绝境中，就会激发起求生的欲望。

"北大踹了我一脚，当时我充满了怨恨，现在充满了感激。如果一直混下去，我现在可能是北大英语系的一个副教授。"说这句话的人，办了一个叫新东方的学校，他叫俞敏洪，是一个精瘦能干的汉子。

1985 年，俞敏洪北大毕业后留校任教，后来由于在外做培训惹怒了学校，当时北大给了他个处分。他觉得待下去没有意思，只好选择了离开，那是 1991 年，他即将迈向人生而立之年。离开北大成了他人生的分水岭，无论怎样，离开北大对俞敏洪来说都是一次挫折。但是，他没有因此而消沉，而是怀着一颗宽容自信的心，正确地看待生活给予他的这一切。

人生中，很多时候会遇到挫折，会遭遇被人冷落、鄙视，乃至被人侮辱、糟蹋的经历，有的人会因此而一蹶不振，难以忍受而逃离或者倒下，而有的人却能承受住这一切，把这一切当成成功的动力，最终脱颖而出，成为优秀的成功人士。

有这样一个人，他是个演员，如今声名显赫，但是，在他成名的路上却受了许多折腾，被人踹了很多脚，这个人就是成龙。

20世纪70年代，在香港演艺圈中初出茅庐的成龙，接演了1部戏，戏中，3个女演员都喜欢他。其中一位有名的女演员跟编剧抱怨："我怎么会喜欢他？大鼻子，小眼睛的。"成龙强忍着泪，还要给坐着的她鞠躬。

为了请著名的武侠小说作家古龙给自己写一个剧本，成龙每天陪他喝酒。宴席上，左一大杯，右一大杯敬古大侠，不管三七二十一地拼命往下喝。喝完以后，古龙却说："我怎么会给他写这个剧本，我要写，也得找个好看点的。"酒醉的成龙，跑到厕所吐，抱着同事哭得泪流满面。

岁月沧桑，世事变幻，30多年后，成龙在全世界拥有的影迷超过3亿人，被美国《人物》杂志评选为100位当今全球最伟大影星的中国演员。在央视《艺术人生》节目中讲述那段往事时，成龙出人意料地春风满面，他说："我经历了无数这种遭遇，但是我没有生气，我还感谢他们，请他们吃饭，因为不是他们这些话，我不会努力，也不会有今天。"

很多人都懂得，爱一个值得你爱的人，是一件非常容易的事；恨一个让你憎恨的人，也是一件很简单的事；难的是去"爱"那些打击过你、踹过你，甚至是背叛过你的人。一位哲人说过，任何学习，都不如一个人在受到屈辱时学得迅速、深刻、持久，因为它能使人更深入地接触实际、了解社会，使个人得到提升、锻炼，从而为自己铺就一条成功之路。人生在世，总要经受很多折磨，承受各种苦难，其实换一种眼光看世界，这些折磨对人生并不是消极的，反而是一种促进人成长的积极因素。

罗曼·罗兰曾说道：“只有把抱怨别人和环境的心情，化为上进的力量，才是成功的保证。”唯有经历各种各样的折磨，才能拓展生存的空间。没有经历过折磨的雄鹰永远不能高飞；没有被老板、上司折磨过的员工永远不能提高能力。平静的湖面，训练不出精干的水手；安逸的环境，造就不出划时代的英雄。

如果我们有朝一日功成名就，第一个要感谢的人，就是在工作和生活中曾经折磨过我们、曾经踹过我们一脚甚至很多脚的人，因为他们使我们变得更加勇敢、坚强和自信。我们应该感谢那些曾经让我们摔倒的朋友和敌人，因为如果没有他们，我们就不会站起来，跟逆境干杯，向对手致敬，这就是一个创业者重新认识自己的关键，也是成就一番事业的根本。

学会对屈辱抱着一种积极的态度，受到打击和嘲笑，不要愤恨难消，而是要借此打击来锻炼自己的心性品格。感谢打击你、冷落你、嘲讽你、折腾你的人，谢谢他们给了你锻炼自己、提升自己的机会。《孟子·尽心上》说：“知耻而为人，知耻而后勇。”被人排挤、遗弃、折腾能够唤醒我们的自尊，被人鄙视或许能够算是一种耻辱，感谢鄙视自己的人让自己“知耻”，就是一种大境界了。成功是如此美好，却又如此艰辛，感谢他们，感谢那些鄙视自己、排挤自己、嘲讽自己的人，这是一个创业者最伟岸的胸怀。

生活和事业到底是上升还是下坠，完全取决于你如何看待人生。倘若在遭受打击时，仍能体会到生命的美好之处，当你细细品味痛苦的滋味，慢慢咀嚼失意惆怅之时，你就永远都不会忘记这种刻骨铭心的感受。此时若能化挫折为动力，化困境为动力，那些打击你的人，就是上天给你最好的礼物。其实，我们都应学会感谢，感谢那些曾经让我们跌了一大跤的朋友，因为，成功是来自贵人的提携，也是来自小人的激励，若没有重重跌倒过，就不会想要风风光光地再站起来。

生活和事业都是我们自己的，一个人无论是在事业中还是在生活中，都会时常面临各种各样的打击和挫折，我们的处世方法、工作态度、努力程度、思维方式和心态信念等，决定了我们一生的成败，也决定了我们创业的成败。虽然我们一直希望自己能够成功，试图尽量避免失败或走弯路，但是，这不能从根本上彻底避免我们不受打击，不遇挫折。关键看我们是什么样的心态来面对，来看待我们所遭遇的一切，打击和磨难往往是最能考验一个人的能力的标尺。跟逆境干杯，向敌人致敬，英雄往往就是诞生在这样的时刻，这也是你重新认识自己的关键。

财散人聚，财聚人散

公元前206年，刘邦、项羽争夺天下。垓下大战之后，成者王侯败者寇，刘邦给子孙后代留下了400年的江山，项羽给后人演绎了一出霸王别姬的千古悲歌。

在一些人的印象中，刘邦是个流氓，而项羽则是个英雄。为什么最终得天下的却是刘邦而不是项羽？原因很多，但主要因素之一

是刘邦会散财。他认为天下原本就不是自己的，是大家打下来的，得来的东西有的是不义之财，有的是白捡来的，既然是这样，不如“千金散尽”，这样既能笼络人心，还能落个“仗义疏财”的美名，而且自己还能拿个大头，何乐而不为？刘邦有一次甚至给了他的部下陈平4万斤铜币让他做活动经费，对其他手下也是动辄赏金封侯。俗话说“重赏之下必有勇夫”，有了知人之心、容人之度，再加上豪爽豁达的出手，不愁没人追随，不愁没人辅佐，刘邦很自然就成为最后的赢家。

相比于刘邦，项羽却相当小家子气，虽然他也会对战士嘘寒问暖、诉说家常，甚至有时候还会为战士的伤亡流几滴眼泪，但是，他给大家的封赏却只是一些小恩小惠，汤汤水水，起不了多少作用。项羽打了胜仗之后就知道炫耀自己的能力，而忘记了跟他出生入死的部下，占了城池也不给部下好处，最多只是寒暄几句，带着他们吃点山珍海味也就打发了。打下咸阳之后，项羽非但不封赏将士，还把金银财宝、漂亮女人都拉回了自己的老家彭城。他的小家子气再加上他的小心眼，使得有能力有志向的部下都离他而去，只剩下一匹老马和一个伤神的美人伴着他，失败是必然的。

正如牛根生所说，财散人聚，财聚人散，战场如此，商场亦然。这个道理，大家心里都明白，但是，真正能够打开自己的心胸和钱包，敢于践行这个道理的，却永远是凤毛麟角。一部分悟性好、思想开放的企业家因为意识到了分享的重要意义，大胆地跟别人分享他们的胜利成果，将荣耀和财富分给和他一起打拼的人，结果，他们的事业和财富不仅没有遭遇损害，反而更加辉煌、巨大。如蒙牛集团的牛根生、苏宁电器的张近东、微软的比尔·盖茨、长江集团的李嘉诚……

财聚人散，财散人聚，聚的时候，先聚心，后聚人；散的时候，也是先散心，后散人。把人心搞散了，企业也就垮了。

对此，牛根生深有感触，并深得散财之道。还在伊利工作的时候，因为突出的业绩，公司决定奖励他一笔钱，让他买一部好车，而牛根生却用这笔钱买了4辆面包车，送给跟着他打拼的几个部下。

2000年，和林格尔政府奖励牛根生一台价值104万元的凌志轿车，可是，令人意想不到的是，他并没有享用这辆原本属于他的豪华轿车，而是与一位比他大8岁的副董事长换了辆普通车。当时，牛根生年薪百万，但是，这些钱并没有落到他的腰包里，大部分都被他散发给了有困难的员工。员工逢病遭灾，牛根生带头捐款；员工买房结婚，牛根生也慷慨解囊。牛根生不仅关心部下员工，为人也随和。一次，通勤车司机病了，牛根生替司机开车送职工下班，一位新来的员工不认识牛根生，对同事高兴地说："新来的胖司机态度真好，笑呵呵的，让他在哪儿停，他就在哪儿停。"

牛根生给人的印象非常朴实，一点都没有富豪的架势。在公众场合，经常能看到他戴着价值18元的"蒙牛领带"，虽说家里有车，但也只是小排量的奥迪，而他的下属坐的却是奔驰、宝马、沃尔沃。牛根生平时吃饭是在员工餐厅，他常用一碗面条、一小碟咸菜打发午餐。身为一个大富豪，有必要这么节俭吗？有人会说他是在作秀，但牛根生回应说，人一时作秀可以，但不能作秀一辈子。

牛根生从来没有拖欠过员工的工资，即使是在企业最困难的时候。蒙牛一直积极缴税，短短3年时间，蒙牛已向当地政府纳税2亿多元，有力地推动了地方依法纳税的良好风气。2005年1月12日，牛根生又干了一件令世人诧异的事，他公开宣布，将其个人所得股息的51%捐给“老牛基金会”，49%留作个人支配，在他百年之后，将其所持股份全部捐给“老牛基金会”。他将这部分股份的表决权授予其后任的集团董事长，家人不能继承其股权，每人只可领取不低于北京、上海、广州三地平均工资的月生活费。事情传出之后，引起了一场轩然大波，有人说牛根生疯了，傻了；有人说牛根生在作秀；有人说，牛根生走火入魔了。面对一片非议，牛根生最终还是说服了家人，献出了自己的股份。无论是分钱也好，赠车、换车、捐股也好，都是牛根生给部下的一种心理预期。他这样的预期让他的那些部下们知道，只要他牛根生能走向成功，绝不会亏待跟自己一起打天下的部下。也正是因为这样的预期，当牛根生黯然离开伊利成立蒙牛另立门户时，原来他在伊利时的老部下蜂拥而来。这些国内乳品业顶尖级的管理技术人才，义无反顾地追随一无所有落魄无比的牛根生，有钱的出钱，有人的出人，有力的出力，这些人为蒙牛的起飞发挥了关键的作用。据说，有400多伊利时的老部下倒戈，投入蒙牛怀抱。

牛根生认为，这世界上挣了钱的有两种人，一种是“精明人”，一种是“聪明人”。

精明人竭泽而渔，企业第一次挣了100万元，80%归自己，然后他的手下受到沉重打击，结果第二次挣回来的就只有80万元。

聪明人放水养鱼，他第一次挣了100万元，分出80%给手下人，结果，大家一起努力，第二次挣回来就是1000万元。即使他这次把90%分给大家，自己拿到的也足有100万元。等到第三次的时候，大家打下的江山可能就是1亿元，再往后就是10亿元。这就叫多赢。

独赢会使所有的人越赢越少，多赢会使所有的人越赢越多。所以，“精明人”挣小钱，“聪明人”赚大钱。“精明”与“聪明”，一字之差，相差何止千里。

散财的人将天下财作为自己的财，所以他们不怕散，因为他们的财取之不尽、用之不竭。聚财的人将自己的财看作天下财，所以要聚，怕天下人从自己这里夺走财，所以，他就无法获得天下之财，无法团结更多的人来跟随他将事情做大，赚到更多的钱，积累更多的财富。这就是辩证法，当你“散财”时，你以为你吃亏了，但结果是“人聚”，大家齐心合力为你挣了更多的钱，实际上你占了便宜；反之，当你“聚财”的时候，你以为挣来的钱全进了自己的腰包，是赚了大便宜，但结果是“人散”，你因此失尽人心，再也没有人为你卖命，你反而是吃了大亏。

一个人，特别是一个企业或者公司领头人，怎样看待自己的家业、财产，决定着事业未来的走向。如果你懂得将财富散给其他人，那么，就会有更多的人聚集在你身边，帮你创造更多财富。如果你将财富只聚集在自己手里，那么，将没有人跟随你继续去赚取更多的财富，人们就会像水一样离开你，你的财富也就会如水一样散去。在世界经济一体化的现代社会，一个企业的经营者和领导者要想让自己的企业获得长远的发展，人心向背是最重要的。毕竟一个人的力量是有限的，一个人好了、富了不算什么，只有让员工们满意才能使企业加快运转，在市场上立于不败之地。

巧借他人的力量成事

好莱坞流行一句话：“一个人能否成功，不在于你知道什么，而在于你认识谁。”正如这句话所言，这是一个人脉的年代，谁都不可能成为鲁宾逊那样的孤胆英雄，不管你是商界的领军人物，还是普通的公司职员，都不能逃脱人脉的影响。

戴尔·卡耐基经过长期研究得出结论说：“专业知识在一个人成功中的作用只占15%，而其余的85%则取决于人际关系。”所以，无论你从事什么职业，学会处理人际关系，你就在成功路上走了85%的路程，在个人幸福的路上走了99%的路程了。无怪乎美国石油大王洛克菲勒说：“我愿意付出比天底下得到其他本领更大的代价，来获取与人相处的本领。”

埃德沃·波克被称为美国杂志界的一个奇才，但谁能想象他当初经历的困苦和磨难。6岁时，他随着家人移民至美国，在美国的贫民窟长大，一生中仅上过6年学。上学期间，他仍然要每天工作赚钱。13岁时，他放弃学业，辍学到一家电信公司工作。然而，他并没有就此放弃学习，他坚持自修，最重要的是他非常有远见，很早就懂得经营人际关系。他省下了工钱、午餐钱，买了一套《全美名流人物传记大成》。

接着，他做出了一个让任何人都意想不到的举动，他直接写信给书中的人物，询问书中没有记载的童年及往事，例如，他写信问当时的总统候选人哥菲德将军，是否真的在拖船上工作过；他又写信给格兰特将军，问他有关南北战争的事。

那时候的小波克年仅14岁，周薪只有6.25美元，他就是用这种方法结识了美国当时最有名望的诗人、哲学家、作家、大商贾、军政要员等。那些名人也都乐意接见这位可爱的充满好奇心的波兰小难民。

小波克因此获得了多位名人的接见，他决定利用这些非同寻常的关系改变自己的命运。他开始努力学习写作技巧，然后向上流社会毛遂自荐，替他们写传记。不久之后，他便收到了像雪片一样的订单，他需要雇用6名助手帮他写简历，这时的波克还不到20岁。

不久，这个传奇性的年轻人，被《家庭妇女杂志》邀请作为编辑，并且一做就是30年，将这份杂志办成了全美最畅销的著名妇女刊物。

埃德沃·波克的成功有多少是源自于他的专业知识呢？他只读过6年书。事实证明，是特殊的人际关系成就了埃德沃·波克，让他取得了一般人难以想象的成就。

人脉的重要性，怎样强调都不过分。假如我们把人际关系比作大脑的神经网络，那么其中每个人就是一个神经元：突起的越多，与周边的联系就越多，也就比别人更加灵敏，从而更加易于走向成功。

尤其是在21世纪的今天，无论是保险、传媒、广告，还是金融、科技、证券等各个领域，人脉竞争力都是一个日渐重要的课题。专业知识固然重要，但人脉也同样重要。从某种意义上说，人际关系是一个人通往财富、荣誉、成功之路的门票，只有拥有了这张门票，你的专业知识才能发挥作用。

由此可见，要成功就一定要营造一个利于成功的人际关系。一个没有良好人际关系的人，即使他再有知识，再有技能，也很难得到施展的空间。

我们经常听到这样一句话：这个世界上到处都是有才华的穷人，那么为什么那些学历很高的人不能取得成功呢？因为他们总是信奉靠自己的力量就能取得成功，而不肯或者不屑于同别人合作。事实证明，这样的做法是不正确的。

俗话说："一个篱笆三个桩，一个好汉三个帮。""在家靠父母，出门靠朋友。"《水浒传》中的宋江，原本只是山东郓城县的一个小吏，然而，这样一个小人物，日后摇身一变竟成为威震四方的英雄，名噪一时，靠的是什么？朋友！如果没有武松、林冲、李逵等人的协助，宋江能摆脱小人物的命运吗？

红顶商人胡雪岩曾说过："一个人的力量到底是有限的，就算有三头六臂，又办得了多少事？要成大事，全靠和衷共济，说起来我一无所有，有的只是朋友。"一个能成大事的人，关键不在于他自身的能力有多强，而在于他善于借助别人的强大力量。

田玉川在大学里学的是计算机专业，进入一家软件开发公司半年后，被选拔进入了一个重要的研发小组，并担任组长。他不禁有些沾沾自喜，甚至骄傲起来。但他很快就发现，有些人虽然计算机应用能力不如他强，却具有丰富的研发经验和卓越的研发能力。比如那个其貌不扬的马平，虽然平时寡言少语，拿出来的方案却闪耀着智慧的光芒，让许多自诩科班出身的人自惭形秽。

田玉川开始意识到单靠个人的力量，这个研发课题是很难攻克的，只有与人合作，才有望取得成功。于是，他立刻放下“架子”，一边暗中努力学习，一边虚心向别人请教。他还和马平成了工作中的好搭档，生活中的好朋友，经常是别人都下班了，他们两人还在讨论工作。在他们的共同努力下，这个课题很快就被攻克下来了，田玉川的业务能力也大为提高，自然赢得了上司的青睐。

人是最大的资源，不管做什么事情，都要有人的因素。被称为“赚钱之神”的邱永汉说：“失去财产，仍有从头再做生意的机会；失去朋友，就没有第二次机会了。”

培训实操

积累人脉的三大路径

1. 熟人介绍

熟人介绍是一种事半功倍的人脉资源扩展方法，它具有倍增的力量。一个人的能力再强，但是他的精力和时间是有限的。一位营销人员，要想在短时间内开发出大量的客户资源，只有利用转介绍的机制，才能产生几何指数的倍增效应。人脉资源的拓展也是如此。

熟人介绍加快了与人信任的速度，提高了合作成功的概率，降低了交往成本，确实是一种人脉资源积累的捷径。所以，在商务活动中，我们要养成一些习惯性的话语，例如，“如果有合适的客户或对象麻烦介绍给我，谢谢!”“如果有需要这方面产品或服务的人，麻烦你告诉我。”“我们今晚有活动，你可以带一些朋友一起过来。”“你有这方面

的朋友吗？是否介绍给我让我们认识一下。”这样的话多说几次之后，对方也会形成一种习惯性的思维，如果真有合适的客户或对象，他就会想起你说过的话。

2. 参与社团

参与社团可在自然状态下与他人互动建立关系，进而创造商机并扩展自己的人脉网络。

在人际交往中，我们也许会遇到这一现象：平常太主动亲近陌生人时，容易遭受拒绝，但是参与社团时，人与人的交往在“自然”的情况下将更顺利。为什么强调自然？因为人与人的交往、互动，最好在自然的情况下发生，有助于建立情感和信任。透过社团里面的公益活动、休闲活动，就可以自然产生人际互动和联系。

3. 善用名片

世界推销大师乔·吉拉德非常重视名片的作用，他认为，递名片的行为就像是农民在播种，播完种后，农民就会收获他所付出的劳动。乔·吉拉德常常提着1万多张名片去看棒球赛或足球赛。当进球或者比赛进入到高潮的时候，他就会站起来，大把大把地将名片撒向空中，让自己的名片在空中漫天飞舞，这为他销售出更多的汽车创造了更多的机会。当他去餐厅吃饭付账的时候，通常是多付一些小费给服务生，然后给他一盒自己的名片，让服务生帮助自己送给其他用餐的顾客。每当他寄送电话或网费账单的时候，也会在其中夹两张名片，人们打开信封就会了解到他的产品和服务。乔·吉拉德说：“我在不断地推销自己，我没有将自己藏起来。我要告诉我认识的每个人，我是谁，我在做什么，我在卖什么，我要让所有想买车的人都知道应该和我联系。我坚信推销无时无刻不在进行，但是很多销售人员往往意识不到这一点。”

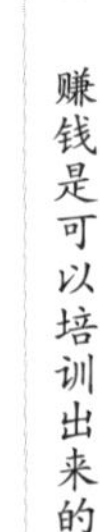

当然，我们还要注意加强对名片资源的管理。首先，当你和他人在不同场合交换名片时，务必详尽记录与对方会面的人、事、时、地、物。交际活动结束后，应回忆一下刚刚认识的重要人物，记住他的姓名、企业、职务、行业等。第二天或过个两三天，主动打个电话或发个电邮，向对方表示结识的高兴，或者适当地赞美对方的某个方面，或者回忆你们愉快的聚会细节，让对方加深对你的印象和了解。其次，对名片进行分类管理。你可以按地域分类，如按省份、城市；也可以按行业分类；还可以按人脉资源的性质分类，如同学、客户、专家等。再次，养成经常翻看名片的习惯，工作的间隙，翻一下你的名片档案，给对方打一个问候的电话，发一个祝福的短信等，让对方感觉到你的存在和对他的关心与尊重。最后，定期对名片进行清理。将你手边所有的名片与相关资源数据做全面性整理，依照关联性重要性、长期互动与使用概率、数据的完整性的因素，将它们分成三堆，第一堆是一定要长期保留的，第二堆是不太确定，可以暂时保留的，第三堆是确定不要的。将确定不要的销毁处理。

第五章

学会用投资赚钱

——种瓜得瓜，种豆得豆

选择好投资方式，做个聪明的投资家

如何致富，使手中的钱既保值又增值，这是个人投资理财最为关注的问题。为了达到上述目的，首先就要选择好恰当的投资理财方式，目前个人投资理财的方式主要有储蓄、证券、保险、收藏、外汇、房地产以及网贷投资等。面对如此众多的投资理财方式，又不时看到或听到别人因进行某种投资而发家了，许多人也想跃跃欲试，殊不知家庭条件的不同，投资理财方式也应不同，关键在于选择适合你的投资理财方式。

如何选择适合自己的理财方式呢？要注意以下几个方面。

1. 职业决定理财观念

有人说个人投资理财首要是时间的投入，即如何将人生有限的时间进行合理的分配，以实现比较高的回报。其中，你的职业决定了你能够用于理财的时间和精力，而且在一定程度上也决定了你理财的信息来源是否充分，由此也就决定了你对理财方式的取舍。你所从事的职业也必然会影响到你的投资组合。比如，对于一个从事高空作业等高风险性作业的人而言，将其收入的一部分购买保险自然是一个明智的选择。

2. 收入决定理财力度

当家理财，当然要有财可理。俗话说，看菜吃饭，量体裁衣。你的收入多少决定你的理财力度，毕竟超过自身财力，玩“空手道”式的理财方式于一般常人而言是难以成功的。所以人们才会说将收入的1/3用于消费，1/3 用于储蓄，还有1/3 用于其他投资。如此，你的收入决定了这最后1/3 的数量，并进而决定了你的投资理财选择。

3. 年龄决定理财思路

年龄就是一种阅历，是一种财富。人在不同的年龄阶段所承担的责任不同，需求不同，抱负不同，承受能力也不同。所以有人将人生投资理财分探索期、建立期、稳定期和高原期四个阶段，每个阶段各有不同的理财要求和理财方式。20～30 岁即探索期，年富力强，风险随能力是最强的，可以采用积极成长型投资模式。30～50 岁即建立期，家庭成员逐渐增多，承担风险的程度较低，投资相对保守，但仍以让本金快速成长为目标。50～60 岁即稳定期，孩子已经成年，是赚钱的高峰期，但需要投资风险。到了65 岁以上即高原期，多数投资者在这段期间将大部分资金存在比较安全的固定收益投资项目上，只将少量的资金投在股票上，以抵御通货膨胀，保持资金的购买力。

4. 性格决定理财方式

人的个性决定其兴趣爱好以及知识面，也决定其是保守型的还是开朗型的，是稳健型的还是冒险型的，而个人理财的方式众多，各有各的优缺点。比如，储蓄是一种较传统的理财方式，而国债却是最为稳妥的理财方式，股票的魅力就在于其风险与机遇并存，投资房地产却以其保值性及增值性而诱人，至于保险则以将来受益而吸引民众，等等。其中的任何一种理财方式都不可能让所有的人在各方面都得到满足，于是，只能是就其不同的性格特点选择不同的投资理财方式。

现代社会的各种投资理工具已经十分复杂，单纯依靠经验与直觉投身于投资市场将面临巨大的风险。只有具有不断学习新知识，不断在失

败与成功中总结经验与教训，不断在资本市场的涨落中磨炼心理素质的人，才能最终成为投资理财的胜利者和成功者。

像经营企业一样投资自己

首先，我们要树立一个基本理念，即人生是一种经营。如果把自己的人生当作一种经营，那么对自己的初始投资也是最重要的投资，应该是规划自己的职业生涯。其实，每个人都在经营自己，只是每个人的投资规模、经营理念、经营模式不同。如果你投资早，力度大，明确自己最适合经营什么、何处经营、怎样经营，就像生产经营或资本经营一样，就能产生较大的回收报酬。

每一个个体，无论你是谁，从事什么工作，怎样生活，你都在经营自己的人生。你经营的是你自己这家公司，这家公司的大股东就是你，作为大股东的你，所占股份应该在 50% 以上，对于你的职业目标与职业发展，只能由你自己来选择，只能由你自己来决定，只有你才能对自己所做出的选择承担起责任。而你的父母、老师和朋友只是你这家公司的小股东，所占的股份也许是 10%、20% 或 30%。

作为大股东的你，在对职业目标和人生的重大事件做出决定时，要召开股东大会，听听小股东的建议，让小股东们献计献策。比如，在高考后填报志愿，选择学校和专业时，要召开股东会，吸收父母、老师、朋友和在你的成长中对你有影响力的人的想法和意见；在你寻找适合自己的职业时，或选择职业时，要召开股东大会，尤其是对你生命中的重要人物，可以用写信、发函等形式，告诉他们你的选择和将要做出的决定，听取他们的建议。因为这些小股东都是在你的生命过程中关心你、爱护你、帮助你的人。可以说，他们是无怨无悔、不求回报的股东。

选择不是一件容易的事。我们可以选择自己喜欢的课程，选择学习自己感兴趣的内容，选择自己的职业目标和未来的发展方向，但人生中的选择不是儿时的游戏，每一次选择都是一次取舍，是一个分岔，长大了的你要为自己的每一次选择负责。不同的选择决定不同的生活。

有3个人要被关进监狱3年，监狱长答应满足他们每人一个要求。美国人爱抽雪茄，要了3箱雪茄。法国人最浪漫，要一个美丽的女子相伴。而犹太人说，他要一部与外界沟通的电话。3年过后，第一个冲出来的是美国人，嘴里鼻孔里塞满了雪茄，大喊道："给我火，给我火！"原来他忘记要火了。接着出来的是法国人，只见他手里抱着一个小孩，美丽女子手里牵着一个小孩，肚子里还怀着第三个。最后出来的是犹太人，他紧紧握住监狱长的手说："这3年来我每天与外界联系，我的生意不但没有停顿，反而增长了200%，为了表示感谢，我送你一辆劳斯莱斯！"

从这个故事中我们能感悟到，什么样的选择决定什么样的生活。人生的选择对于一个人一生的发展影响深远。

事实上，你在大学毕业的三年或四年前做出的不同选择同样决定你大学毕业后不同的机会和结果。有些学生毕业后是工作找他，就业机会很多，可以有自己选择的机会；而有些学生则找不到工作，更没有选择的机会。

某高职院校2002届一位毕业生，毕业时学院非常愿意她留在某系的实训中心做辅导老师，她的父母又非常想她回本地考公务员，她自己也找到一份待遇不低、环境较好并在杭州市区内的大公司的工作。当机会来临时，她毫不犹豫地选择了公司，而放弃了许多同学都很向往的老师和公务员。而这样的机会不是每个人都能拥有，它只属于有准备的人。这个学生毕业时，不但取得了高等职业技术学院三年的会计专业学历，还获得了大学自学本科会计学历和学位，取得大学英语四级证书，培养和积累了各方面的综合能力。

既然人生是一种经营，那么你就必须投资。投资什么？人生经营中最重要的投资是职业生涯的规划。微观经济学研究的基本问题，或者说经济组织的三个基本问题是：生产什么、生产多少；如何生产；为谁生产。而人生经营中我们也应该考虑到四个基本问题，也是人的一生必须做出的四项最重要的决定，即投资什么、经营什么、何处经营、怎样经营。因为这些决定，将深深地改变你的一生，对你的幸福、收入和健康产生巨大的影响。如果你以前没有这个意识没有关系，从现在开始也为时不晚。这项投资越早你收到的回报就越早，这项投资越多，你收到的回报就越大。

学会理性投资， 感知风险

储蓄和投资是贯穿我们一生的大事，奇怪的是，似乎从来没有人专门教我们如何理财。我们对投资的理解往往依靠口口相传，从朋友或我们认为技高一筹的人那里学习投资技巧。随着现在国内越来越多的人涌入A股市场，大家都想分享中国经济繁荣的果实，这完全可以理解。但问题在于，股民们知道他们在买卖什么吗？他们知道正在承受着怎样的风险吗？

一个市场的质量最终取决于投资者或消费者的素质。日本制造的产品之所以品质优良，就是因为日本消费者非常挑剔，不接受质量低劣的产品。同样，美国的资本市场如此强大，也是因为美国的投资者不接受低劣的投资品。美国投资者可以通过集体诉讼来起诉发行人，也可向监管者施压要求采取强有力措施来抵制低劣的投资品。

印度人有建立全球领先的资本市场的雄心，他们甚至在小学就开设金融基础知识教育的相关课程。他们认为，投资是伴随每个人一生的事情，只有个人层面的精明投资才有助于建立一个健康的资本市场。所以，印度在投资于金融产品之前，首先投资于教育公众。这是一个高瞻远瞩的决策。就笔者所知，将资本市场放在国家发展战略中如此重要位置的，印度是第一个国家。

为什么说投资是终生的大事呢？在我们幼时，父母要抚养我们；当我们成人、成家之后，就需要开始储蓄，以备不时之需，如疾病、失业、子女教育、赡养双亲等，最终准备自己的养老。过去人们大多以为投资只是有钱人的游戏，与普通人无关，这是一种错误的观念。穷人也要知道：必须先投资自身的人力资本，然后才有机会去投资金融产品赚钱，所谓“知识改变命运”。

赚钱有三个层次：最低的层次是用自己的血汗、劳力来赚钱；中间的层次是用钱来赚更多的钱；最高的层次就是利用你的声誉、名望来赚钱。作为一个新兴市场，中国正在用自己便宜的劳动力来致富，而今天我们都已体会到品牌和声誉的力量。一件成本 10 美元的纯棉衬衫，贴上国内自己的品牌最多不会卖超过 15 美元，但如果贴上法国或意大利的一线品牌，却可卖到 1000 美元。

靠钱生钱的秘诀又是什么呢？答案平淡无奇——低买高卖，或者是高买，然后更高地卖。对普通人来说，难点在于市场总是涨跌，何时应该买卖，又应该买卖什么呢？

金融市场的最大问题是信息不对称，专业人士能够比零售客户更好地理解市场，往往也能赚取更多的回报。但应该信任和选择谁呢？这都需要精心决策。

以证券市场为例，在证券市场上，研究投资中的非理智行为，归根结底是为了避免这些非理智行为，确保投资的成功。那么究竟怎样才能做到这一点呢？笔者认为，以下几点对于每一位投资者都会有所帮助。

1. 制定一个严密的投资程序，避免高估自己的能力

实践自我承诺的第一步，就是只投资于个人熟悉的领域。然后进行基本的分析工作，着眼于未来的预期收入，而不是以往的成果。回顾许多投资大家的传记，我们可以发现，他们往往扎根于一个投资领域，或股票，或期货，甚至不少是仅仅钻研其中很小的一个子领域，比如价值低估个股，高成长股，或者黄金、棉花这样的特定品种，甚至不乏一些技术交易大师只挑选自己擅长的某几个技术形态定式交易。他们这么做，很大程度上就是为了避免过高估计自己的能力。

2. 注意搜集与个人意见相悖的资料，并与持相反观点的人讨论，这样就能避免投资者过度自我肯定

多元市场分析是时下很流行的一种投资分析思路，这种思路通过股市、债市、期货、外汇多个市场走势的互动关系来更好地把握特定市场的走势。这样的投资思路相比始终局限于某个特定市场，最大的好处就在于，你也许能够因此看到其他市场反映出来迥异的现状，比如，当你认为经济正在复苏，股市将受惠于此而继续上涨之时，却发现更能反映市场对于经济复苏预期的中长期债券收益率掉头向下，这时候你就该反思此前的经济复苏预期是否正确，从而避免盲目投资。

3. 你赖以观察投资世界的“窗口”，是否大到可以使你能够从各类重要的投资工具中做出抉择

你是否由于特别熟悉个别市场、钟情个别主题，结果导致观察世界的“框架”过小？不妨把目光放远点。

4. 简化决定，避免观点过于狭隘，同时不应该接收过多的信息

订立固定的长期目标是可取的方向。一旦确定投资的风险类别，你就不用经常重新审视股份组合或借贷比率，这样也可以避免投资者无时无刻盯着股价。一旦打定主意，决定增加某些特定投资主题（新兴国家、新能源或大宗商品）或哪些项目与计划不符后，投资者就不必为所有可行的新建议浪费脑力了。化繁为简也意味着只投资于个人真正熟悉的市场。某些最佳投资构思承诺能带来可观回报，但如果风险无法评估又有何用呢？此外，深入了解基本情况，也有助于化繁为简。如果投资者明白“预期回报越高，风险一般越高”的道理，就不会进行无长期回报、不负责任的投资了。

5. 掌握你的情绪

日后处于决策关头时，不妨整理一下个人的情绪状态：你是否因为喝了咖啡而兴奋不已？或者是因为连续的资本投资报捷而刚愎自用？简单的原则是：应该考虑一晚，留待第二天再做出影响深远的决定。在第二天早上仍然能吸引你的选择，才值得加以研究。

6. 学会止损

你为什么会持有某种亏损证券？你是否以买入价作参考价值，或预设未来赢利预测，并以此重新计算预期股价？不妨问自己，我今天还会增持这种证券吗？如果答案是“不会”，止损出仓是防止拒绝承认错误，或过早套利的良方。

7. 学会放弃

如果你实在不擅长投资，那么将资金交给可靠的主动性基金也未尝不可。主动管理基金可以有效对抗避免损失和犹豫不决的心态。基金管理公司负责买卖证券，投资者委托给基金经理进行交易操作，不致重复太迟止损和过早获利的错失。投资者也是有血有肉的人。我们的才智足以使我们认识到这一点，并进而帮助我们克服自身弱点。

投资要胆大心细

《韩非子》中讲述了一个故事：

齐宣王使人吹竽，必三百人。南郭处士请为王吹竽，宣王说之，廪食以数百人。宣王死，愍王立，好一一听之，处士逃。

这就是成语“滥竽充数”的由来。人们都嘲笑南郭先生的落跑，却没有想一想，宣王之时，南郭先生明明不会吹竽，却跟几百位会吹的人得到相同的待遇。为什么？因为他胆大，敢于冒风险。

胆大，可能有风险，也可能没有风险，但收益可观；胆小，没有风险，也没有收益。换句话说，胆大是找死，但可能死中求活；胆小是等死，而且必死无疑。所以说“撑死胆大的”，“胆小”的？虽然不一定真的会被饿死，但一生充其量也只是忙忙碌碌地找饭吃，不会有太大的成功。事实也一再证明，成功者都是“胆大包天”的。

日本三洋电机的创始人井植岁男讲过这样一个真实的故事。

一天，他家的园艺师傅对他说："社长先生，我看你的事业越做越大，而我却像树上的蝉，一生都坐在树干上，太没出息了，你教我一点创业的秘诀吧。"井植点点头说："行！我看你比较适合园艺工作。这样吧，在我工厂旁有2万坪空地，我们合作来种树苗吧。""树苗1棵多少钱能买到呢？""40元。"井植又说，"100万元的树苗成本与肥料费用由我支付，以后3年，你负责除草施肥工作。3年后，我们就可以收入600多万元的利润，到时候我们每人一半。"听到这里，园艺师却拒绝说："哇，我可不敢做那么大的生意！"最后，他还是在井植家中栽种树苗，按月拿工资，白白失去了致富良机。

人们常常会用"有胆量"来形容一个人敢想敢干、敢作敢当的精神。在复杂的社会生活中，我们需要面对许许多多的问题和矛盾。处理这些问题，解决这些矛盾，需要有经验、有智慧、有谋略、有才干；同时，还有一样东西也是必不可少的，这就是胆量。所谓有胆量，通俗地说就是要敢于想别人所不敢想的，做别人所不敢做的，为别人所不敢为的。一句话，就是人家不敢的，你敢，这就是有胆量。对于想要完成一件事或成就一番大事业的人来说，胆量起着决定性作用。

1973年的中国还处在"文革"的动乱之中，贫穷的中国被推向经济崩溃的边缘。而就在那一年，20岁的上海人陶新康却以1万元的资金，用集体的名义在奉贤办起了蔡桥家具厂。奉贤是当时上海"割资本主义尾巴"割得最凶的地区，陶新康却敢于逆风而上，戴着"集体"的"红帽子"，悄悄地走向了市场。家具厂一共有十几名职工，大多是原来的木匠哥们儿，人虽少，但个个身手不凡。当时最大的困难是原材料，因为那时的木材是统购统销物资，私人买卖是犯法的。陶新康凭借自己的才智，先凑些购货券去买些当时十分紧俏的手表、缝纫机和自行车，然后用这些紧俏商品去江西换取木材。小小的家具厂在陶新康的掌舵下，在波涛汹涌中安全颠簸了十几年，虽说并非一帆风顺，却使陶新康的意志力得到了充分的磨炼。当绝大多数中国人还沉睡在计划经济的摇篮中时，陶新康已从市场中悟得了市场经济的真谛。即便在十几年之后，陶新康的行为也还是不被允许的。当时是集体经济时代，没有人敢冒着坐牢的风险去办私人企业，他的亲戚朋友也都劝他不要冒险，老老实实地工作最好，但是他居然反其道而行之。正是因为他过人的胆识，使他后来成为成功的企业家。1986 年，城市经济体制改革的大潮扑面而来，时年 33 岁的陶新康感到：可以大展宏图的机会来了。他考虑到东北是我国森林覆盖面积最大的区域，木材资源丰富，又是计划经济“冰封”最深的地区，市场资源充沛。于是他再一次做出大胆决定，毅然决定离开上海，去东北的莽莽原始森林开疆拓土。再一次遭到所有人反对的他，依然以极大的勇气坚定了自己的信念，去了东北。经过多方面的洽谈，他很快就从吉林、黑龙江等处的 8 个林业局手中承包了 12 条板材生产流水线，开始了艰难的创业。

1988 年初冬，大雪封山前，一个东北人告诉他，260 千米外的秃帽儿山区有 5000 立方米东北松积压，为了年底给职工发工资，林区愿意以超低价出让。得到这个消息，陶新康感觉是一个大好机会，他二话没说，从箱底取出 1 大包钱，雇了 1 辆吉普车就要进山。司机愣了，说这时候进山，莫不是到大山里去过年。这条泥路，大雪只要下3天，进去就出不来了。陶新康还是一意孤行，决定冒险进山。功夫不负苦心人，他在大山深处做成了这一大笔买卖，但是大雪已经封了山路，这5000立方米木材运不出来。与林场商量后，陶新康决定，由林场联系兄弟单位，货从邻近铁路路线的兄弟单位提，运费差价由陶新康支付。货解决了，陶新康却下不了山，吉普车在大山里被冻住了。他只好背了一大袋食品、茶水，一步步向山下走去，260千米足足走了9天。就在苦苦承受磨炼的过程中，陶新康进行了第2次积累，积累了丰富的林木知识、管理生产的经验和比前一次更丰厚的资金，为自己挖到了第一桶金。

在集体经济体制下，在国企占领一切领域的情况下，陶新康拉起了私营企业的旗帜，在当时可以说是犯法的，一旦被发现，极有可能遭到很严厉的处罚。所以他选择了跑到东北这种不太引人注目并且资源丰富的地方去搞，结果，很快就积攒了大量的财富。

1992年秋天，“十四大”召开，全国刮起了搞活经济的东风，陶新康觉得回上海开办企业的时机已经成熟。他决定放弃东北，杀回老家。

1994年起，陶新康开始从东北撤回上海，带着在东北积累的巨额资金，擎起了上海新高潮（集团）有限公司的大旗，在浦东这片改革开放的热土上安营扎寨。

1999年，新高潮销售额超过41亿元人民币，年创利税3亿多元。

在很多时候，很多事情大家都做不来，做不好，并不是不会做，不能做，而是不敢做。改革开放以来，那些“暴发户”的发家史就充分说明了这一点。他们中间有多少是老老实实、循规蹈矩的高学历、高智商者？很少。但为什么那些循规蹈矩的高学历、高智商者发不了财，相反那些原本在单位并不受欢迎、甚至被人瞧不起的人却成功了呢？

在这其中有的是逼出来的，但更多的却是闯出来的。他们敢于“自毁前程”，打破原有的坛坛罐罐，义无反顾地把自己推向市场；他们敢于“吃螃蟹”，做别人不敢做的事；他们敢于冒风险，哪怕是倾家荡产也在所不惜。因为有胆识，有闯劲，所以成功路上所有人都给他们让路，所以他们能够取得成功。

果断投资，　该出手时就出手

什么样的人最适合创业呢？有一个机构做过一个调查，调查发现赌徒最适合创业。这并不是一个玩笑，因为创业本身就是一项冒险活动，就是一场赌博——哪一个创业者从一开始就敢担保自己必胜无疑呢？创业之初，大都是怀着一种赌博的心态。调查发现，赌徒的心理承受能力远远强过普通人，而创业正是最需要强大心理承受能力的一项活动，大凡成功人士都有某种程度的赌性，尤其是企业界人士。

经商创业其实就是一场“赌局”，在这场赌局里，敢赌的人永远能冲在最前面，成为最先拿到“面包”和“票子”的“先富起来的一部分”。史玉柱的赌性大家都是知道的，当年他在深圳开发 M－6401 桌面排版印刷系统。一次，他身上只剩下了 4000 元钱，但是，他却向《计算机世界》定下了一个 8400 元的广告版面。史玉柱唯一的要求就是先刊广告后付钱，他的期限只有15天。前12天，他分文未进，第13天他收到了3笔汇款，总共是15820元，两个月以后，他赚到了10万元。收到这10万元，他并没有揣进自己的腰包，而是全部做了广告费。4个月后，史玉柱就成了百万富翁。难以想象，要是15天过去之后，收来的钱还不够付广告费，史玉柱该怎么办？后来提起这件事情，史玉柱笑着说："其实我也不知道我能不能在15天内拿到订单，付清广告费，我只知道看准了，就要赌一把，要敢于做赌徒，没有什么好怕的。幸运的是，那次，我赢了。"

想常人之不敢想，做常人之不敢做，这就是吉利集团董事长李书福的秉性。

1993年，李书福去某大型国有摩托车企业参观考察，看见摩托车产销两旺的势头，就向该企业老总提出为他们做车轮钢圈配件。对方一听，笑道："这种高技术含量的配件岂是你们民营厂能完成的，该做什么还做什么去吧！"不信邪的李书福憋着一肚子气回到公司，大胆提出要自己制造摩托车整车，周围一片反对声。连他的亲兄弟都笑他不自量力："车祸死了人，有你好看的。搞不好千年砍柴一夜烧。"

李书福决心已下，但这次他再次遭遇"红灯"——没有摩托车生产许可证，到处求情均以碰壁告终。他只能"绕道"以数千万元的代价收购了浙江临海一家有生产权的国有摩托车厂，"借船出海"。只用了7个月的时间，吉利就开发出中国同行一直没有解决的摩托车覆盖件模具，并率先研制成功四冲程踏板式发动机。接着又与行业老大"嘉陵"强强联合，生产"嘉吉"牌摩托车。不到一年，又开发出中国第一辆豪华型踏板式摩托车，很快便替代了日本和中国台湾的同类产品。此后，他的摩托车不仅一直占据国内踏板车销量龙头地位，还出口美国、意大利等32个国家和地区。1999年，吉利摩托车产销43万辆，实现产值15亿元，吉利集团也因此赢得“踏板摩托车王国”的美誉。李书福敢想敢做、勇于创新的创业路子，再次取得巨大成功，从市场上得到丰厚的回报。

在福布斯富豪们看来，不能只盯着可能存在的风险而裹足不前，应该具备“没有金刚钻，也敢揽瓷器活”的勇气。不能冒风险的人，必将一事无成。很多生意人身上具有赌徒的性格，这并不是坏事情，商海无情，一个商人无时无刻不在跟自己赌，跟市场赌，跟客户赌，跟对手赌，这样的赌是最能看出一个商人的秉性的。

在创业的路上，面对最直接的利害得失，我们必须敢于做出自己的选择，表达自己的态度，并且承受因我们的选择而带来的后果。

一个人成功的关键是胆量和勇气，如果没有胆量和勇气，就不会拥有一切。人生也是一场赌局，愿赌服输是一种风度、一种境界。既然选择了，就必须赌下去，不能患得患失，瞻前顾后，更不能因此而失去理智，迷失心性。

如果想做生意，想闯荡商海，没有一份胜败自如的洒脱，是难以承受商海的风雨的。人生的输赢，不是一时的荣辱成败所能决定的，今天赚了，不等于永远赚了；今天赔了，只是暂时还没赚。任何时候，过人的胆识和胸怀都是一个人最重要的品质，坚持到底就是胜利，做生意是这样，做人是这样，做任何事情都是这样。只有如此，才能禁得起经济战场中的枪林弹雨，成为活着出来的那一个，成为发家致富的“王者”。

诚然，人生需要胆量，需要冒险，冒险精神是一个人走向成功的根本，但人生毕竟不是赌博，盲目的冒险等于冒进。我们一定要分清冒险与冒进的关系，要区分什么是勇敢，什么是无知。无知的冒进只会使事情变得更糟，你的行为将变得毫无意义、惹人耻笑，并将为此付出惨重的代价。商海无情，需要我们拿出破釜沉舟的勇气和决心，带着钢铁般的信念走好每一步，尽全力拼搏。

要理性看待生活的挑战，既不要想得太复杂，也不要想得太简单，边做边学。“胆识 + 决心 + 毅力 + 智慧 = 成功”。没有超人的胆识，就没有超凡的事业，没有敢于承担风险的心理素质，任何时候都很难成功。

防范投资理财风险的 6 绝招

在个人和家庭理财过程中可能会遇到各种各样的让你感觉“爆炸”的事件：财务问题、子女教育问题、投资理财安全问题、工作问题、老人照料问题、健康问题……尤其是投资理财安全问题，据国内知名第三方理财机构在为多个家庭做财富体检时统计，现今家庭的理财意识较强，但 80% 最担心就是投资安全的问题。

现今，金融理财机构规模日渐增加，老百姓的投资渠道也增多，但面临的投资风险问题增加了。所以，当下如何防范投资理财风险，还能利用投资来赚得更多收益，是关键的问题。除了向专业的第三方理财机构寻求帮助，在给予你专业的理财建议之时，还会根据你的个人财务情况、风险承受能力为你配置适合你的投资品种外，你要记住以下 6 招，方能有效降低投资理财风险。

（1）学会安全稳健型“4321”理财法：40% 用于投资；30% 用于衣食住行；20% 用于备用金 ；10% 用于购买保险。

（2）保命的钱一定不可拿出来进行投资。

（3）不买过高收益的产品，不买不熟悉的产品，不买不适合自己的产品。

（4）鸡蛋不要放在一个篮子里。

（5）投资以保本为主。

（6）不断总结投资理财的成功和失败经验。

理财有风险，投资需谨慎。任何投资都有风险，而个人和家庭要做的就是如何将风险降到最低，同时还能获得较高的利润，这才是最重要的。

第六章

学会用经营赚钱

——同行不同利，为什么你赚我不赚

增强企业的市场创新能力

企业市场创新，是指企业从微观的角度促进市场构成的变动和市场机制的创造，以及伴随新产品的开发对新市场的开拓、占领，从而满足新需求的行为。由此可以看出，市场创新是实现产品价值、提高企业经济效益的根本途径。

市场创新的基本方向有两个：一是纵向创新，即对现有市场的挖掘和深化，提高产品的市场渗透率；二是横向创新，即开拓新的市场，扩大产品的销售量。通过这两个基本途径，进行渗透型市场创新和开发型市场创新。

1. 渗透型市场创新

渗透型市场创新，是指企业利用自己在原有市场上的优势，在不改变现有产品的条件下，通过挖掘市场潜力，强化销售，扩大现有产品在原有市场上的销售量，提高市场占有率。进行渗透型市场创新，具体说来有三种基本途径：

一是通过各种促销活动，扩大现有顾客多购买本企业产品。比如，通过改变包装来增加销售。改大包装，增加最低购买额；改小包装或改用方便包装，方便购买和使用；用特价给大量购买者以优惠，或对老主顾客重复购买实行优惠等。

二是通过完善的售后服务等，将竞争对手的顾客争取过来。如推出比竞争对手更完善的售后服务措施，提高企业的竞争地位，将竞争对手的顾客拉过来。

三是寻找新顾客。这是指争取原来不使用本产品的顾客成为购买者。如送产品样本、目录、说明书，引起消费者的兴趣和注意；提供试看、试穿、试用等，增加消费者对产品的信心；扩大产品广告宣传，进行各种销售促进活动等。

渗透型市场创新应该是企业首选的市场创新途径，通常企业所付代价最小，成功率最高。因为企业对环境和产品都比较熟悉，有一定的经验积累，便于实施，只要原有市场没有饱和，这种战略就容易成功。

2. 开发型市场创新

开发型市场创新，是指企业挖掘消费者的潜意识或消费者根本无法意识到的消费需求，开发出符合这种消费需求的产品来丰富消费、提高消费，形成新的产品市场。进行开发型市场创新，具体说来有三种基本途径：

一是扩大市场半径。即企业在巩固原有市场的基础上，努力使产品从地区市场走向全国市场，从国内市场走向国际市场。比如，汽车市场为了尽可能地扩大自身的竞争半径，出现了两种品牌延伸的方式：一种是以广汽丰田为代表的从单一品牌扩展至品牌家族的做法，另一种则是大众系用不同产品构建的产品组合。

二是开发产品的新用途，寻求新的细分市场。例如，关国杜邦公司生产的尼龙产品，最初只用于军用市场，如降落伞、绳索等。第二次世界大战后，产品转入民用市场，企业开始生产尼龙衣料、窗纱、蚊帐等日用消费品，以后又陆续扩展到轮胎、地毯市场，使尼龙产品系列进入

多个子市场。在这个过程中，尼龙产品本身没有根本性变化，仅仅改变了尼龙的存在形式。

三是重新为产品定位，寻求新的买主。比如，某服装公司最早为老年人设计生产夹克服装，推入市场后颇受老年人欢迎，然后在青年服装市场定位扩大这种产品的销售。

采用开发型市场创新，要求企业不断了解新市场用户的要求和特点，预测该市场的需求量，同时要了解新市场中竞争对手的状况，估计自己的竞争实力。开发型市场创新是企业能否真正占领市场的一个重要环节，如果企业不能向市场提供高品质的且顾客需要的产品，市场营销环境分析就变得毫无意义。

作为企业实现产品价值、提高企业经济效益的根本途径，市场创新必不可少地要涉及产品的营销策略问题。市场创新与产品营销反映了企业开创新市场的两种不同思路。产品营销在企业营销活动中占有十分重要的地位，它作为企业市场创新的配套工作，主要是解决企业以什么样的产品来满足市场的需要，从而在真正意义上实现企业市场创新。

对症下药，用营销策略换取金钱

在市场实践中，由于客户的能力、环境、气质、性格习惯的不同，在销售过程上应该采取不同的营销策略。我们应该把握客户群体的不同类型，根据市场活动的经验和体会，在为不同类型的客户设计营销谋略时，注重结合社会心理学和市场营销学的成果，这样才能更具有针对性。

1. 主观挑剔型客户

这类客户的特点是不易受外界影响，会倾听你的讲解，并提出问题和自己的看法，但是不会轻易做出成交决定。他们谨慎和理智，也十分挑剔，比其他人更在乎细节，如果第一印象恶劣，他们不会给你第二次见面的机会。他们对准确度、细节、事实、数据以及自己能得到多少利益十分关心。

对于这类客户，沟通时最好从产品特点入手，利用层层推进引导的方法，多方面分析、举证、比较、提示，使他全面了解利益所在，不能急于求成，对于产品特点和售后服务，应该讲的越详细越好，让他们觉得有保障，觉得已做出的决策几乎没有风险，才有可能成交。

2. 客观冷静型客户

这类客户的特点是老成持重，稳健不迫，这类客户会仔细地听我们介绍产品和公司，但是反应冷淡，不轻易谈出自己的想法。有时在倾听的过程中还会不时地提出问题来让我们解答，一般都是想要更多地了解产品资讯，他们一般都比较理智，感情不易激动。

对于这类客户，要表现出诚实和稳重，特别注意在谈话过程中的态度方式和表情，说明我们产品的诸多优点，而且要告之购买产品后所享受的服务，多煽动以激发他们购买的欲望，尽量减少他们对你的不断发问，可以反其道而行之，去问他们一些问题，尽量让对方多说话，了解和把握对方的心理状态，将他们带入销售的氛围中，详细说明产品的价值和利益所在，并提供一些文件或者资料供对方参考。

3. 感性冲动型客户

这类顾客的特点是总带点神经质，他们对事物的变化反应敏感，能注意到一些很细微的东西，会对自己的态度与行为产生不必要的顾虑，情绪表现不够稳定，即使临近签合同时，也有可能临时变卦。这类人往往感情用事，稍有外界刺激就不考虑后果的为所欲为。

对于这类客户，我们应采取果断措施，切勿碍于情面，必要时采用有力说服证据，强调我们产品给他带来的利益，不断敦促对方做购买决定，但是言谈中一定要谨慎周密，不要给对方留下冲动的机会和变化的理由。

4. 理性细致型客户

这类顾客的特点是对你的什么话都用心听，用心想，稍微有一点不明白他们都会提出来问你，生怕稍微有疏忽而上当受骗，他们心也比较细，疑心较大，反应速度比较慢。

对于这类客户，要跟着他的思维节奏走，尽量将你要表达的东西讲清楚，讲透，多掺杂分析性的话语，在讲解产品是要借助辅助工具、图标证据来配合，多旁征博引一些话语和例子来增加他的信心，特别多强调产品的附加值及可靠性。

5. 优柔寡断型客户

这类顾客的特点是没有主见，逆反思维，只想坏的，不想好的，外表温和，内心瞻前顾后，举棋不定，希望得到别人的建议。

对于这类客户，首先要做到不受对方影响，商谈时切忌急于成交，要先冷静的诱导出他们所担忧或者疑虑的问题，根据问题做出有效说明，拿出有效例证，尽量消除他们的犹豫心理。然后我们可以帮他做决定，使用“这个项目很适合你”“你现在不做将来会后悔”等强烈暗示性话语，如果客户带一个较有主见的人来，我们沟通的眼光应集中在那个人的身上，因为他的决定就是我们客户的决定。

6. 豪爽干脆型客户

这类顾客的特点是乐观开朗，不喜欢拖泥带水，做事义气，慷慨坦直，说一不二，但是往往缺乏耐心，容易感情用事。

对于这类客户，要简明扼要的讲清楚我们的销售建议，等到对方全部了解我们的产品之后，可以直接问他做还是不做，不必绕弯子。用平常心来对待，不能因对方的气场强大而屈服，绝对不能拍马屁，要采用不卑不亢的言语去与他交流。

7. 滔滔不绝型客户

这类顾客的特点是喜欢凭自己的主观意志和经验判断事物，不易接受别人的观点。一旦开口就滔滔不绝，虽然口若悬河，但常离题万里，甚至有些事物他并不了解也会凭空设想，信口开河地大说一通，也不管别人是否愿意听，嘴上痛快就行。

对待这样的客户，我们需要有足够的耐心和控场能力，耐心听他们的高谈阔论，一定不能在他兴致正高的时候打断他，但是在听地过程中需要把握好时机插入你对产品的介绍，想成功地销售给他们这类人群需要学会顺从和迁就，千万不要想抢走他们的话题，除非你根本不想与对方签单。

8. 争强好胜型客户

这类顾客的特点是喜欢与你对着干，与你唱反调以显示他的能力，他们与自命清高型的客户不同，他们喜欢搬出理论，讲大道理，有时明知自己是错误的也要和你争辩，直到实在辩不过去嘴上还是不服输。

对于这类客户，可以采取迂回战术，先与对方交锋几个回合，然后故作不敌的退下阵来，承认对方的一切说法，佯赞对方体察入微，独具慧眼，你的态度一定要诚恳，让对方觉得你乐于听他的辩解，以来博取对方的好感，当对方觉得在你面前有优越感时，又对你的产品有一些了解，他就常常会购买，与之交流时要少说多听，要说就切中要害，一针见血，只要能刺激对方的需求性。

9. 挑剔难缠型客户

这类客户一般上过当或者自己身边的人受过类似的欺骗，对销售怀有敌意，认为做销售的都是油嘴滑舌的骗子，遇到我们主动介绍，便会不分青红皂白，满腹牢骚，对我们的销售进行无理攻击，给我们造成难堪的局面。

面对这样的客户，首先要学会倾听，这类客户所抱怨的可能有一部分是事实，但大部分都是由于不明事理或者存在误解而产生的，然后搞清楚他们抱怨的原因，给予同情和宽慰，消除他们的戒心，然后再跟我们的产品做以对比，慢慢的达成销售，后期维护一定也要做好，因为如果这类了客户与你签了合同，他会介绍很多朋友也购买你的产品。

在与人交往中，不同的人有着不同的习惯和性格。销售人员在与不同类型客户交往中，只要能够对症下药，根据客户特点有针对性地运用上面这些营销策略，就会在营销过程中游刃有余，获得成功。

打破经营常规， 才能有所收获

创业，必须打破那些广为接受的常规。

《了不起的盖茨比》作者菲茨杰拉德曾说：“最高智力的标志就是，具有在头脑中保留两个相反的想法，而且行为丝毫不受影响的能力。”不是每个人都能拥有这种最高智力，但在有许多人组成的团队和公司里，你可以做到，如果你期望收获创新，那么你必须让你的团队里有与传统智慧完全相反的做法。

“招聘那些适应公司规范很慢的人，招聘那些你不喜欢的人；招聘那些你可能并不需要的人；鼓励员工公然反抗主管的命令，鼓励他们与同事争吵；想想有哪些荒谬的事情可以做，然后去做！”斯坦福大学教授罗伯特·萨顿鼓励这些荒谬、怪异的做法，他用严谨的分析说明，如果要创新，必须打破那些广为接受的管理常规。

从创新视角看，萨顿所推崇的这些看似怪异的创新法则可能并不“怪异”，因为目标发生了变化，为追求创新目标却坚守常规可能才是怪异的。有位智者曾说过一句话，在这里很适用：“精神错乱就是不断重复做同样的事情却期望得到不同的结果。”

1. 招聘那些适应公司规范很慢的人，招聘那些你不喜欢的人

很多公司都会选择招聘那些能与公司文化合拍的人，能很快按照公司通常的方式做事的人，能很快适应组织里的社会规范的人。不过，如果你的目的是创新，你的选择标准需要作些改变。

每个公司和组织里都有一些潜在的社会规范，比如说什么能做、什么不能做，什么是好、什么是坏。这些规范让组织能平稳运转，但它也扼杀了许多新的想法。如果新招聘进来的人不能很快适应这种社会规范，那样在组织里他们的想法和做法就可能会凸显出来，虽然可能有很多是荒谬的、错误的、最终证明是失败的，但它让组织一下子看到了很多新颖的想法。

心理学研究发现，那些不能很快适应组织内的社会规范的人往往有这样三种特征：自我管理能力很差，不喜欢和同伴接触，过于自负。按照常规的招聘规则，这些人可能在最初就被剔除出去了。但是，对于创新型公司来说，“怪人”自有他们独特的价值：他们或许会让上司和同事很不舒服，但他们能极大地扩展一个公司所想、所关注、所说与所做的范围；他们不会迫于看不见的与他人一致的社会压力，说别人想听的话，他们总是无法阻止自己说出自认为是正确的话；面对强烈的批评和排斥，他们能坚持自己的想法。

大部分人都会喜欢那些社交能力强、善于表达的人。很多人也相信，创新需要团队协作、需要大量的沟通，因而他们希望招聘那些沟通能力强的人。但我们不能回避的是，很多（甚至绝大部分）最优秀的创新者都是回避社会交往、性格腼腆的人，他们喜欢沉浸在自己的独立思考中。如果以善于沟通为招聘时的筛选标准，那么你招聘来的可能只能是二流的创新者。

很多公司喜欢招聘那些以往的学业记录很好的人，对寻找创新人才来说是另一个陷阱。创新专家凯思·西蒙顿说，要在学校里获得高分，就要在看待世界和人时，与传统方法保持高度的一致。那些学业记录很好的人的确很聪明，但通常他们难以发现现象背后那些不同的东西，因而在寻找创新人才时我们不应忘记那些学习成绩不好但特别聪明的人。

2. 招聘那些你可能并不需要的人

时不时为创新的目的雇佣聪明的、有想法、有趣的甚至奇怪的人，即便你可能并不需要他们，想不出来能让他们做什么。按著名设计公司IDEO（公司名称）总裁大卫·凯利的话就是：“雇用你现在不需要但也许日后会需要的人。”

创新本来就是难以预测的，关于什么是有用的、什么是无用的判断经常出错，这些人可能在意想不到的时候发挥巨大的作用，正如萨顿所说：“他们有时能创造出那些有很高技能的人做梦想都不敢想的工作方法。”这些看似不需要的人也可能帮助公司进入新的领域，极大地拓展公司的视野。我们都知道，当公司里的每个人都为当前的短期任务忙乱不堪时，这个公司是不可能有长远视野的，这样，这种不需要就变成了“必需”。最坏的情况下，即便他们没有能提供什么有价值的思想，他们的存在也有助于公司建立创新的文化。

创新，有时候就意味着你处于这样的情形：“我也觉得这没什么用，不太可能成功，但觉得不妨试一试。”在延揽人才上，有时候也需要有这种试一试的心态。

3. 鼓励员工公然反抗主管的命令

鼓励员工反抗主管的命令，是的，没有错，有的时候你可能的确需要这样做。我们来看看以创新闻名的3M公司的故事和发生在严谨的德国人身上的故事，它们都说明违抗命令有时候可能是对的。

3M的研究人员德鲁在研究的一个项目被首席执行官（CEO）认为它毫无价值、不会成功，命令德鲁放弃。但德鲁无视命令，继续研究，最终它成为3M公司的突破性产品之一——修改带。3M还有不少这样的案例，因而这家公司把“不必询问、不必告知”列入了公司原则，员工可以把15%的时间用在自己选择的项目上。

一位西门子公司的管理者则回顾说，他工作过的最成功的团队是“海底课题组”。公司高层否决了这个项目，但他们仍继续秘密进行，对外则宣称是在做其他的事情，直到拿出令人满意的成功。他们把产品拿给曾极力阻止过的高层主管看，这些主管开玩笑说，这是违抗命令，但主管承认这个成果令人惊奇，于是产品立刻投入生产。

公司的组织通常是一个层级组织，主管特别是CEO具有最高的权威。但是，由于创新难以预测，他们可能做出错误的决定，因而公司需要建立一种为了公司的利益无视权威、反抗权威的文化。

惠普公司前 CEO 帕卡德在《惠普之道》一书中夸耀了一个工程师的反抗，这个名位查克的工程师违反命令生产一种监控器，为公司带来 3500 万美元的收入，为此，帕卡德授予了查克“非凡创造工程师奖章”。查克说：“我并非可以去反抗或任性，我只是想给惠普带来成功，我从来没想过它可能使我失去工作。”

有的时候，公司还需要雇用大胆的挑战者来打破公司内的常规权力和惯性。有的公司主管已经采用这样的做法，他们雇用新人并鼓励他们去挑战那些所谓的“大人物”“正统人士”或“不可一世的偶像”，去挑战那些维持着根深蒂固却又无效的做法的资深员工。对于是从内部提拔还是招聘外部人来担任 CEO 有很多争议，但外部空降兵在有一点上占有很大的优势：他们不受传统的束缚。

4. 让创新者远离顾客、批评家和那些只关心财务问题的人

在宝马汽车的设计部，入口被严格监控，令人敏感的车子模型被封锁起来，工作室的门上贴着这样的标志：“止步：严禁入内。”这些措施并不是为了防范外部的工业间谍，它的主要目的是为了防止内部的工程师、成本分析人员来影响设计师的艺术创作，挡住他们虽无恶意却有伤害性的评论。只有在设计经理的陪同下，工程师和成本分析人员才能进入设计部，并且通常都是在汽车设计师吃午饭的时间。在宝马，设计经理充当设计师和其他人的沟通中间人。

在众目睽睽之下，在人们的指指点点之中，有着再坚强的神经的人也无法创新。想的、说的、做的每件事都暴露在外人面前，不管是赞扬还是批评，对创新都只能产生负面的影响。

这大概是为什么索尼前总裁大贺典雄说，PlayStation（简称 PS，游戏站）游戏机的成功因素之一就是将天才的久多良木（PlayStation 主设计师）从总部调离。创新团队的管理者的重要任务之一就是保护他的团队。明茨伯格曾这样开玩笑说："经理就是专门接见来宾的人，其他员工只要安心工作就可以了。"具有创新能力的人通常回避社交，这可能正是他们与生俱来的一种抵制外来影响的才能。

即便其他领域的创新人员并不像汽车设计师这样敏感，但让他们过于关注金钱、考虑太多的财务问题也会抑制创新能力。根据"创造力内在动力原则"，当一个人主要被兴趣、成功感及工作本身的挑战——而非外部压力——所激励的时候，他最具创造力。

"创造之前必须先破坏。"破坏什么？传统观念和传统规则。面对瞬息万变的市场环境，只有敢于挑战规则，打破常规，才能有所作为，摆脱危机，使企业立于不败之地，获得商机无限。

在一个封闭的思维模式里，很容易形成盲从和跟随。在企业经营中，当我们面对难以解开的局面时，只有突破定式、打破常规，以超常思维来解决新问题，才能使企业不断获得新的突破。这对于企业经营的成败具有非凡意义，其功效在于出其不意，独辟蹊径，而这恰恰是现代企业家所应具备的思维品质。

法国科学家做过一个有名的"毛毛虫实验"。他在一只花盆的边缘上摆放了一些毛毛虫，让它们首尾相接围成一个圈，与此同时，在离花盆周围六英尺远的地方布撒了一些它们最喜欢吃的松针。由于这些虫子天生有一种"跟随者"的习性，因此它们一只跟着一只，绕着花盆边一圈一圈地行走。时间慢慢地过去，一分钟、一小时、一天……毛毛虫就这样固执地兜着圈子，一走到底，后来把其中一个毛毛虫拿开，使其原来的"环"出现一个缺口，结果是在缺口的头一个毛毛虫自动地离开花盆边缘，找到了自己最喜欢吃的松针。

多年以前，丰田公司发现，世界上有许多人想购买奔驰车，但由于定价太高而无法实现。于是，丰田公司的工程师放手开发凌志汽车。丰田公司在美国宣传凌志时，将其图片和奔驰并列在一起，用大标题写道：用 36000 美元就可以买到价值 73000 美元的汽车，这在历史上还是第一次。经销商列出了潜在的顾客名单，并送给他们精美的礼盒，内装展现凌志汽车性能的录像带。录像带中有这样一段内容：一位工程师分别将一杯水放在奔驰和凌志的发动机盖上，当汽车发动时，奔驰车上的水晃动起来，而凌志车上的水却没有动，这说明凌志发动机行驶时更平稳。面对这一突如其来的挑战，奔驰公司不得不重新考虑定价策略。但出人意料的是，奔驰公司并没有采取跟随降价的办法，而是相反，提高了自己的价格。对此，奔驰公司的解释只有一句话：奔驰是富裕家庭的车，和凌志不在同一档次。奔驰公司认为，如果降价，就等于承认自己定价过高，虽然一时可以争取到一定的市场份额，但失去市场忠诚度，消费者会转向定价更低的公司；如果保持价格不变，其销售额也会不断下降；只有提高价格，增加更多的保证和服务，例如免费维修 6 年，才可以巩固奔驰原有的地位。就这样，奔驰公司不是跟随和盲从，而是以超常思维和手段，化被动为主动，摆脱了来自凌志的挑战。

艰苦的创业朋友们，历经风雨，我们会从零一步步走向成功。

创业路途中的风风雨雨、酸甜苦辣都会让每一位自诩坚强的成功者喜极而泣。

朋友们，不要贻误了大好时光，让我们做一只会拐弯的毛毛虫。

做足市场调查， 找准市场定位

麦当劳生产汉堡包，迪士尼生产什么？如果你带着这个问题去问迪士尼公司的任何一个员工，他们都会很响亮地回答：我们生产欢乐。在迪士尼公司，每一个新聘员工在上岗的第一天都要接受培训，明白公司的市场定位。迪士尼的培训从一个侧面告诉人们，企业要想生存和发展，必须找准市场定位。

1. 找准市场定位，就是找准自己的生存区域

随着全球一体化进程的不断加快，生产上的合作将更加广泛，很多新产品都由过去的一个集团整套生产，转变为自己只生产某个关键部件，其余配件全球化采购，所有参与生产的企业都纳入到一个全球性的供应链体系中来，每一个生产厂商都是做对他来说最有优势的一块，然后通过全球一体化的供应链，完成销售。现在，就连国际上最有名的几家品牌电脑生产商如国际商业机器公司（IBM）、康柏等，也必须从英特尔采购处理器，向微软购买操作系统，从新加坡、马来西亚、匈牙利等地购买光驱或软驱，从我国的台湾以及南方一些城市购买主板。因此，面对全球一体化的市场格局，要想获得生存空间，就必须找准自己的市场定位，并使这种定位得到上下游市场的认可。否则，就会丧失生存区域，直至失去生存的权利。

2. 找准市场定位，有利于避开竞争

尽管竞争对手很多，也很强大，但是精明的经营者都明白，市场并非铁板一块，它是可以细分的，只要在细分中找准适合自己的市场定位，就能找准突破口。联想创业之初是做贸易的，在为IBM电脑做代理中积累了许多经验后，开始推出自有品牌的个人电脑，为了避开竞争，联想首先从家用电脑入手。因为当时国际知名品牌主要是做商用电脑，家用电脑市场还微乎其微，而联想则看到家用电脑的成长趋势，从而在避开竞争的情况下，找到了市场缝隙，求得了生存。再后来，家用电脑市场的竞争加剧了，联想又坚持“贸工技”的市场定位，把贸易也就是销售放在首位，利用本土优势和“1+1”模式形成的价格优势，不断推出老百姓所能接受的新产品，市场份额逐步扩大，现已成为国内个人电脑第一品牌，在东南亚也有很强的竞争力。

3. 准确的市场定位，甚至能变竞争为合作

长虹准备进入电脑市场时，没有生产整机，而是只生产显示器，一方面使自己的彩电生产优势得到延伸，另一方面又避开了与国内电脑厂商的直接竞争，是一种变竞争为合作的准确定位，因为国内电脑厂商除联想等少数几家外，人部分都要采购显示器，长虹的品牌优势显然更容易被其他电脑厂商所接受。

4. 找准市场定位，还能化解市场风险

市场就是竞技场，利润和风险相伴相生。如果你想生产汽车，你就必须看到它的风险性，汽车行业是投资大、回收慢、改变方向更慢的行业。如果你在资金和市场运作上难以满足上述要求，最好不要贸然进入。如果你有这个产业某方面的生产技术，但没有雄厚的资金和融资渠道，你不妨先与大型汽车商合作，为他们提供某些部件的配套生产。民

营企业家鲁冠球开发的万向器，被很多汽车公司采用，这样，不仅找到了自己的市场定位，也规避了战略风险，毕竟船小好掉头。

5. 找准市场定位不能坐在办公室里空想，要做市场调查，了解消费动向，发现潜在市场趋势

国内生产洗衣机的企业很多，但只有海尔最早想到生产适合夏天用的“小小神童即时洗”洗衣机，这就是市场调查方面的差距。国内从事软件开发的人才很多，但只有求伯君、王志东等少数人获得了商业上的巨大成功。这几个人一开始就明白，搞软件开发不能只埋头编程，一定要跳出狭隘的技术眼光，经常到市场和客户那里去看一看。只有这样，自己所做的项目才有客户需求和市场推广价值。

学会做一只赚钱的“寄居蟹”

随着竞争的日益激烈，市场也日益饱和，做生意显然是一件难事。倘若在别人的背后盲目跟风，自己的经营则不会壮大。但如果你具有敏锐的观察力、新颖的眼光，发掘到市场上的空缺，然后再组织人力、物力填补，就能在短时间内发财致富。

如今，许多人已经找到了属于自己的市场空白点，并且创建了成功的企业。

> 菲律宾著名企业家奎山宾就是一个善于填补市场空缺的成功者。他大学毕业后，发现农村急需三轮摩托车，但做生意的人那时都没重视农村这块市场，所以三轮摩托车在农村市场出现了极大的空缺。于是，他决定做摩托车生意来填补这个空缺。他与日本的雅

马哈公司签订了一份合同：由奎山宾在菲律宾专销雅马哈摩托车，雅马哈公司则每月向他提供200套散件。奎山宾还将两轮摩托车改装成三轮摩托车，并将车子的售价定在一个农民买得起的水准上。三轮摩托车投放市场后，销量很快就超过了二轮摩托车。他组建的诺吉斯公司的摩托车销量持续增长，并最终成为全国之冠。

一切市场都是从无到有的。创业者只要敢于和善于做第一人，从别人没发现、不注意的地方人手，独自开辟新路，就能挖掘到每桶金子。倘若亦步亦趋，自己不动脑筋，只能使自己走入狭窄的胡同。

克鲁斯是位美国印第安人，他发明了炸马铃薯片。1853年，克鲁斯在萨拉托市的高级餐馆中担任厨师。一天晚上，来了一位外国人，他吹毛求疵，总挑克鲁斯的菜不够味，特别是油炸食品太厚，无法下咽，令人感到恶心。克鲁斯气愤有加，随手拿起一只马铃薯切成很薄的片，骂了一句便将它扔进了油锅中，谁知结果味道却十分可口。由于先前市场上没有这种食品，没过多久，这种金黄色的、有着特殊风味的油炸土豆片，成为特有的风味小吃而进入了总统府白宫，至今仍是美国国宴中的重要食品之一。

人们在经商过程中，如果发现了市场的空缺，并能因时制宜地拾遗补缺、填补空白，就很容易获得成功。

中国最大的经济型连锁酒店品牌，在看似饱满的市场中捕捉到了缝隙，开拓出自己的商业版图。如家的创办者季琦曾这样比喻市场机会："一个堆满了大石块的玻璃瓶。看起来似乎已经没有空间，实际上大石块的空隙之间，还可以容纳一堆小石子；随后，在小石子的缝隙里，你还能继续填满细沙。”

长期以来，酒店业市场结构不合理，其服务主要集中在高端和低端两个部分，而便宜干净的中小型酒店严重匮乏。如家发现了这一拥有普通游客、商务客人、白领等庞大消费群体的空白市场，从而在夹缝中寻觅到了商机。从2002年6月建立到2006年年底，如家用4年多的时间就走过了其他酒店近10年的历程，成为中国发展最快、开业酒店数目最多的经济型连锁品牌。正如一位专家所言：“往往大行业中存在很多市场空白，一旦你从中找到了合适的市场空白点，那么，你就抓住了创建一家能够持久生存且能够赢利的企业的机会。”

从这些例子中我们看到，只要找到合适的缝隙，那么你在某个地区的客户就极易找到，并且不用花钱或花很少钱就可与这些客户取得联系。找到一个缝隙后，你不必担心新的进入者及竞争者。这里没有竞争，你也不用经常降价。

彭鸿斌原在外交部供职，1993年他做出了一个让人惊讶的决定：辞职下海经商。1995年5月，他自费去欧洲进行商务旅行，寻找适合自己发展的空间。

在德国，彭鸿斌发现了这样的一个机会。德国人素以作风严谨而著称，他们生产的“强化木地板”产品，取材于天然林木，经过当代最先进的工艺加工制作而成，是当代最新的环保型高科技产品。彭鸿斌一见到这种木地板，马上被它迷住了，当即决定深入了解它。

这种强化木地板的剖面像一块结构紧密的三明治：中间层是高

密度纤维做成的篆材，比传统技术生产的木材更抗冲击、抗压力，更不易变形。基材上面是表面层，它由耐磨层、装饰层组成。装饰层是现代高科技滚筒印花，可以表现出各种名贵原木的纹理和质感，这样就比传统的实木地板多了丰富的色彩和款式的选择，并且具有科技突破意义的耐磨层的应用，使其抗磨强度达到了传统实木地板的30多倍。而且这种强化耐磨层还具有阻燃、防潮、防虫蛀等各种功能。基材下面是平衡层，不但起到防潮的作用，而且能增加木地板的平整性。不仅如此，这种强化木地板与传统的实木地板相比，还无须刨光、上漆、打蜡，能够始终光洁如新，省却了许多烦琐的保养程序。这对于追求现代生活快节奏的人来说，无疑是一种惬意的选择。

彭鸿斌了解产品情况之后，顿时心花怒放，马上意识到这种强化木地板大有可为，于是又刨根问底。他进一步了解到，强化木地板的生产最符合保护环境和珍惜自然资源的世界潮流，选用欧洲冷杉、云杉、松树这些成林快的可循环再生的林木做原材料，它们的生长期一般为12年左右，再生性极强。而且高科技重组木纤维结构保障了木材的高利用率，这一点更是难能可贵的。而传统的实木地板采用的是珍贵树种，生长期在50～100年，木材利用率低，更何况我国政府早在20世纪80年代就禁止生产实木地板了。

经过上述的深入了解之后，彭鸿斌的思路更加清晰了。他认为，强化木地板的优势是显而易见的。如今它已成为欧美发达国家家庭装饰材料的首选。那么，随着我国人民生活水平的提高，强化木地板也必然会为我国消费者接受。这种商品存在着显而易见的空间差和时间差，它的“市场空白”是十分诱人的。于是，彭鸿斌当机立断，把自己的事业定位在全力推广强化木地板这一点上。

为了顺利地将强化木地板引入我国市场，彭鸿斌决定利用一切关系来疏通所有关节。这时候，他的老朋友，汉堡工业大学的杜博士帮了他的大忙。

杜博士的同学是德国最大的木材加工商爱格（EGGER）的总裁，这家企业既是世界上第一个得到 ISO 9001 质量认证的木材企业，也是全球最大的木地板制造商，每年它都有 1300 万平方米以上的强化木地板销往世界各地。

EGGER 的总裁与彭鸿斌的心思几乎不谋而合。原来，这位家族企业的掌门人早已看到了中国的巨大市场潜力，因此，他连续 3 年参加中国的各种国际展览会，但是，连一块强化木地板也没有卖出去。

当彭鸿斌用流利的英语向他讲述自己的抱负和营销方略时，这位总裁立刻被打动了，两人一拍即合，当即拟就了合作协议。接下来，彭鸿斌又做了一件非常漂亮的事情：给强化木地板起一个中国名字——“圣象”。之后，彭鸿斌又做了一件相当聪明的事情：去国家工商总局注册一个属于自己的“圣象”商标。于是，一个名叫“圣象”的强化木地板品牌诞生了。

然后，彭鸿斌利用电视等媒介做了颇具诱惑力的广告，重点突出了“圣象”强化木地板在环保和实用等方面的优势，广告打出后再加上其质量上乘、价格合理、上门服务，“圣象”强化木地板在中国市场逐步站稳了脚跟，销售一直呈上升态势。据国家统计局 1999 年 4 月发布的统计数字表明，1998 年“圣象”牌木地板销量居同行业第一位。

商品市场之大，总有可乘之机。一个成功的商人，要勇敢面对现实、积极寻找商机，哪怕是市场的一个微小空隙，一经发觉，就要大胆去开发，如此定会大展宏图。“市场在哪里出现空缺，就到哪里去填补”的经营策略是永远不会错的，寻找市场空缺是赚钱的捷径。

聪明的生意人总是不失时机地利用“市场空白”来达到积累财富的目的。从差异中捕捉机遇，从市场空白中找到财源，在全球一体化的大商圈中，巧妙地利用时间差或空间差，就完全可以实现自己的致富梦想。

绝不逃税漏税， 合理避税

犹太民族是这个世界上最富有的民族，他们的财商恐怕无人能及。虽然他们拥有世界上最多的财富，但是他们比世界上任何一个民族的商人都更重视纳税。他们认为税款其实就是和国家签订的契约，逃税漏税违背契约，是不允许的。众所周知，犹太人是最遵守契约的民族。对于他们来说，逃税漏税不仅违背了自己的经商之道，同时也会让自己蒙羞。因此，对于逃税漏税的行为，犹太人深恶痛绝。一些经常耍小聪明的商人认为犹太人这样做是一种犯傻的行为，其实不然，这正是犹太人守信用的一种表现。

一个瑞士人到海外旅行，回来时将一颗宝石藏在鞋里企图不通过纳税入境，结果被当地的海关查处扣留。一位犹太人看见事情的始末，感到非常纳闷，说道：“为什么不依法纳税，堂堂正正地入境呢？”按照国际惯例，宝石之类的装饰品的输出费最多不会超过

8%。依法缴纳输出费，堂堂正正地入境以后，在卖出宝石的时候，只需将宝石的价格设法提高8%就可以了。这是多么简单的一笔账，但是瑞士人却没有算明白。

在这里，我们可以看出犹太人依法纳税其实是一项明智之举。税金有时候也是一笔较大的费用，经常有人为了节省这笔钱，千方百计地逃税漏税，这样做早晚是要付出代价的。无数人的经验告诉我们，这样做的结果是得不偿失。依法缴税，既是一种守信用的表现，又能为自己省去不少不必要的麻烦。犹太人经常以依法纳税为荣。

每个人都希望自己的钱越赚越多，犹太人也不例外，他们虽然绝不逃税漏税，但是这并不表明，他们会在这方面任意花自己的钱。日本某公司的董事长，月收入是500万日元，但是他在交完税后，剩余的钱只够自己养家糊口之用，着实可怜。犹太人为了避免这种情形在自己的身上上演，经常会想一些办法躲避税收。遇到这种情况，犹太人经常会当一个“廉价”的董事长，这样就可以躲避高额的税金。

犹太人是不会通过逃税漏税赚取财富的，他们认为如果这样做，自己的名声就毁了。但是，犹太人绝不逃税漏税，并不说明他们老实憨厚，没有一点儿精明的头脑。犹太人对任意征税的行为非常厌恶，他们经常采用合理避税的做法应对乱收费的行为。他们经常巧妙地利用当地的税法，采用种种手段，合理避税。这样既完成了与国家的契约，同时又保住了自己钱包里的钱。

犹太人对于合法避税有着以下的观点：让避税行为发生在国家税收法规许可的范围内；避税行为应围绕着降低产品价格展开，以避税行为增强企业的市场竞争力；巧妙地安排经营活动，使避税行为具有灵活性和原则性。从商的目的绝不是为了避税，即使是天才的避税者，也不可能凭借避税行为致富。

“绝不逃税漏税，合理避税”一直都作为犹太人的护钱术出现在人们的视野里。犹太人一直都将税收命名为“不能要的钱”，他们的口头禅就是“不挣不能要的钱”。犹太人一直都是纳税的好公民，他们认为税金是必须缴纳的，因为这笔钱应该归国家所有，如果不交税，上帝会对你进行谴责和惩罚。他们甚至认为纳税是纳税人的职责。

犹太人纳的税不包括那些不合理的税款。他们有自己的原则，凡是不合理的税款他们都会想办法避开。这些年来，他们能够一路辉煌，与他们这种绝不逃税漏税，同时又合理避税的行为密切相关。

犹太人的这种做法，使他们能够没有任何忧患地在商界纵横驰骋。有些商人经常逃税漏税，他们不知道，自己这样做其实为将来埋下了隐患。很多成功人士，为了省下税款而逃税漏税，最后的下场是锒铛入狱。也许犹太人这种绝不逃税漏税的行为值得他们反思。

在市场经济条件下，怎样合理避税呢？

合理避税不仅仅是财务部门的事，还需要市场、商务等各个部门的合作，从合同签订、款项收付等各个方面入手。

合法避税是指在尊重税法、依法纳税的前提下，纳税人采取适当的手段对纳税义务的规避，减少税务上的支出。合理避税并不是逃税漏税，它是正常合法的活动；合理避税也不仅仅是财务部门的事，还需要市场、商务等各个部门的合作，从合同签订、款项收付等各个方面入手。

1. 合理避税的方法

（1）换成“洋”企业。我国对外商投资企业实行税收倾斜政策。

（2）注册到“宝地”。凡是在经济特区、沿海经济开发区、经济特区和经济技术开发区所在城市的老市区以及国家认定的高新技术产业区、保税区设立的生产、经营、服务型企业和从事高新技术开发的企业，都可享受较大程度的税收优惠。中小企业在选择投资地点时，可以有目的地选择以上特定区域从事投资和生产经营，从而享有更多的税收优惠。

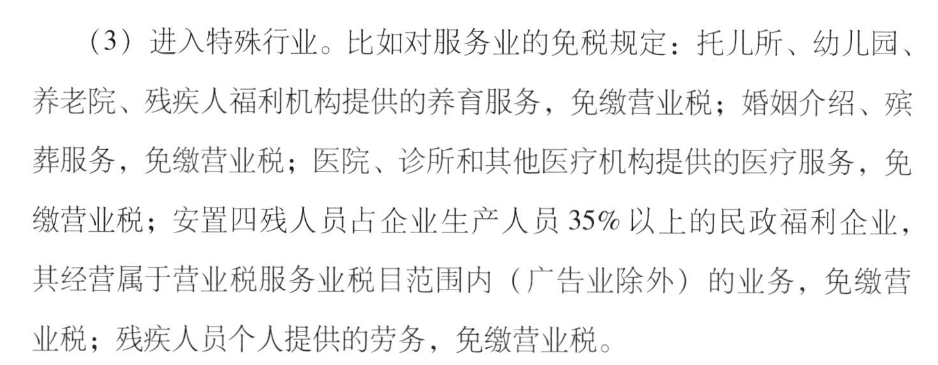

（3）进入特殊行业。比如对服务业的免税规定：托儿所、幼儿园、养老院、残疾人福利机构提供的养育服务，免缴营业税；婚姻介绍、殡葬服务，免缴营业税；医院、诊所和其他医疗机构提供的医疗服务，免缴营业税；安置四残人员占企业生产人员35%以上的民政福利企业，其经营属于营业税服务业税目范围内（广告业除外）的业务，免缴营业税；残疾人员个人提供的劳务，免缴营业税。

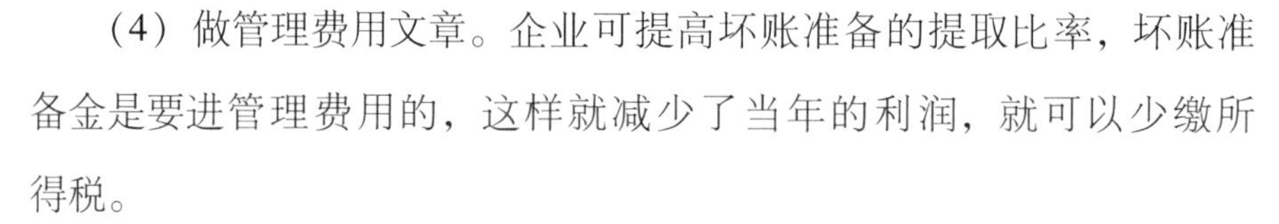

（4）做管理费用文章。企业可提高坏账准备的提取比率，坏账准备金是要进管理费用的，这样就减少了当年的利润，就可以少缴所得税。

企业可以尽量缩短折旧年限，这样折旧金额增加，利润减少，可以少缴所得税。另外，采用的折旧方法不同，计提的折旧额相差很大，最终也会影响到所得税额。

（5）用而不“费”。中小企业私营业主应考虑到如何对经营中所耗水、电、燃料费等进行分摊，家人生活费用、交通费用及各类杂项支出是否列入产品成本。

（6）合理提高职工福利。中小企业私营业主在生产经营过程中，可考虑在不超过计税工资的范畴内适当提高员工工资，为员工办理医疗保险，建立职工养老基金、失业保险基金和职工教育基金等统筹基金，进行企业财产保险和运输保险，等等。这些费用可以在成本中列支，同时也能够帮助私营业主调动员工积极性，减少税负，降低经营风险和福利负担。

（7）从销售下手。选择不同的销售结算方式，推迟收入确认的时间。企业应当根据自己的实际情况，尽可能地延迟收入确认的时间。例如某汽车销售公司，当月卖掉 100 台汽车，收入 2000 万元左右，按 17% 的销项税，要缴 300 多万元的税款，但该企业马上将下月进货税票提至本月抵扣。由于货币的时间价值，延迟纳税会给企业带来意想不到的节税效果。

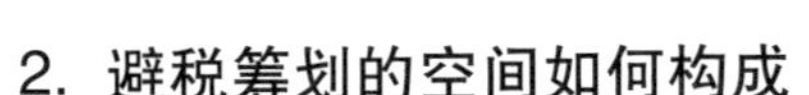

2. 避税筹划的空间如何构成

（1）利用国家税收优惠政策进行合理安排以达到避税的目的。

（2）利用可选择性的会计方法。

（3）从中选取对纳税最有利的方法以达到避税的目的。

（4）利用税收法规、政策中存在的缺陷、漏洞、不足。

可见，成功的避税筹划方案是“斗智斗勇的结果”，因此财会人员必须具备较高的税收政策水平，具有对税收政策深层加工的能力，才能保证避税筹划方案的合法性。

良好的业务水平是避税筹划成功的另一基本要件，需要有扎实的理论知识和丰富的实践经验来支持。扎实的理论知识要求执业人员除了对法律、税收政策和会计相当精通外，还应通晓工商、金融、保险、贸易等方面的知识；丰富的实践经验要求执业人员能在极短时间内掌握客户的基本情况，涉税事项，如涉税环节、筹划意图等，在获取真实、可靠、完整的筹划资料的基础上，选准策划切入点，制定正确的筹划步骤，针对不同的客观情况设计有效的操作方案。

财会人员应在实践的过程中不断提高自身的政策水平和业务水平，从而将我国税收筹划由浅层次引向深层次、由初级阶段推向高级阶段。

合法性是避税筹划的前提条件。但在会计实践过程中难免会遇到：有的公司老总对某些涉税事项、涉税环节分不清合法与非法的界限，往往会提出一些影响避税筹划合法性的要求；有的公司老总希望将背离税收立法宗旨的避税行为通过筹划方案合法化；还有的公司老总要求将违反税收政策、法规的行为纳入筹划方案。面对以上各种情况，财会人员必须态度鲜明地维护税法的权威性，绝不能为了公司的利益和保住自己的饭碗而放弃原则，迁就公司，更不能受某些利益驱动，屈从于公司老总的压力。坚持合法原则，将良好的职业道德贯穿于避税筹划的全过程。只要有税收，避税的存在就不可避免，但是，作为纳税人开展避税活动，必须以不违反税法为前提，绝不能把避税变成了逃税或漏税。只有避免这种情况的发生，才能实现成功的合理避税、合法纳税。

商战中的八大战略原则

商场如战场。战争中的战略原则同样可以运用在商战中。

1. 集中兵力原则

在所有军事学的著作中，以及世界上最著名的战争案例中，集中兵力原则是最被兵家所推崇的第一个战略原则。

2. 目标明确原则

目标原则实际上是集中原则的一个逻辑后果。集中的目的是为了达到目标。而目标不明确或不正确，则让一支部队——即使是高度集中的部队也无法取胜。事实上，许多的败仗是因为目标不明确或者不正确而造成的。

3. 出其不意原则

出其不意原则（或者说奇袭原则）要求部队以快速行动和选择出其不意的打击点取得胜利。

4. 追击原则

追击失败的敌人实为获取胜果的唯一手段。

5. 主动原则

或者说主动权原则。善战的将军都很重视这一点，他可以做出许多牺牲，但是不能丧失战争的主动权。历史上的《六韬》一书中就提出了这样的原则：“太公曰：凡兵之道，莫过乎一。一者，能独往独来。”按我们今天的理解，此一便是主动。孙子则强调“致人而不致于人”。

6. 统一指挥原则

一个部队不能同时有两个领导。有意思的是，历史上知名的大帅，几乎都是集政治与军事领袖于一身的，历史上的拿破仑、亚历山大大帝等几乎无不如此。

7. 计划与计算原则

毛泽东说：“不打无准备之仗，不打无把握之仗。”而要很好准备，就必须计划和计算。

孙子说：“兵法：一曰度，二曰量，三曰数，四曰称，五曰胜。地生度，度生量，量生数，数生称，称生胜。故胜兵若以镒称铢，败兵若以铢称镒。”

8. 创新与应变原则

毛泽东说："秀才用兵，必败无疑。"原因是他说的秀才只知道书本上的道理，却不知道现实中没有一次出现的情况和书本上是完全一致的，你想打胜仗，没有别的办法，只有根据你的情况去创新、去随机应变。

第七章

学会用创业赚钱

——打工不如当老板

自我评估，创业不可盲目

为何你有创业的欲望？你真的想为自己工作吗？走上创业这条路一定要有正面的理由，更要有自信能满足市场的需求。自己创业确实让很多人实现理想，可是对另一些人却往往导致破产、精神崩溃，乃至走上自我毁灭的不归路。

在创业之前你必须了解自己是否具备成功的条件，一般成功创业者的条件包括：自律、自动自发、识人能力、管理技能、想象力、口才、毅力、乐观、奉献精神、积极人生观、客观、推销产品（服务）的能力、独立作业的能力、追求利润的方法。

当你确定自己适合创业后，你不必急着马上走上创业这条路，还必须先评估一下你的创业计划是否可行再说。你可以探索以下一些问题：

1. 你能否用语言清晰地描述出你的创业构想

你应该能用很少的文字将你的想法描述出来。根据成功者的经验，不能将这想法变成自己的语言的原因大概也是一个警告——你还没有仔细地思考吧。

2. 你真正了解你所从事的行业吗

许多行业都要求选用从事过这个行业的人，对其行业内的方方面面有所了解。否则，你就得花费很多的时间和精力去调查信息，诸如价格、销售、管理费用、行业标准、竞争优势，等等。

3. 你看到过别人使用过这种方法吗

一般来说，一些经营红火的公司的经营方法比那些特殊的想法更具有现实性。有经验的企业家中流行这样一句名言："还没有被实施的好主意往往可能实施不了。"

4. 你的想法经得起时间的考验吗

当未来的企业家的某项计划真正得以实施时，他会感到由衷的兴奋。但过了一个星期、一个月甚至半年之后，将是什么情况？它还那么令人兴奋吗？或已经有了另外一个完全不同的想法来代替它？

你是否打算在今后5年或更长时间内，全身心地投入到这个计划的实施中去？

5. 你有没有一个好的网络

开始办企业的过程，实际上就是一个组织供货商、承包商、咨询专家、雇员的过程。为了找到合适的人选，你应该有一个服务于你的个人关系网。否则，你有可能陷入不可靠的人或滥竽充数的人之中。

6. 你明白什么是潜在的回报吗

创业最主要的目的就是赚最多的钱。可是，在尽快致富的设想中隐含的绝不仅仅是钱。你还要考虑成就感、爱、价值感等潜在回报。如果没有意识到这一点，那就必须重新考虑你的计划。

经过自我分析后证明你适合创业，同时你也能正确回答上述的几个问题，那么你创业成功的胜算将会很高，你可以决定着手去创业。但是创业也并不是你一时冲动所决定的，如果创业前你举棋不定，最好还是选择工作这条路。因为，尽管你现在有机会创业，你的动机不错，想法也很棒，但是基于市场经济能力或家庭等因素的考虑，现在也许不是你创业的好时机。

总之，创业必须要有相当的竞争力，而且只有你自己才能决定怎么做最恰当。

成事不易，创业更难。选择创业这条路，自然而然地你会憧憬成功的景象，而不会想到万一失败的问题——因为一开始就想到失败，未免太消极也太不吉利了。然而，往坏处打算尽管令人不愉快，却是创业之初应该考虑清楚的。

世上无难事，只要肯登攀

这个世界上，没有我们做不到的事，再难做的事情遇到了有心人，也会变成易事，所谓难事怕有心人，有心人不怕难事，就是这个道理。做人是这样，创业也是这样，只要创业者真心想去做一番事业，真心想做成一笔生意，就一定能做成功。

“我不相信世界上有做不成的事”，这是汽车大王亨利·福特说的一句话。被称为“新工业之父”的亨利·福特，年轻时曾经在一家电灯公司当工人。

有一天他突发奇想，产生了要设计一种新型引擎的想法，他把这个想法告诉了妻子。妻子鼓励他说：“天下无难事，你就试试吧！”妻子还把家里的旧棚子腾出来，供他试用。福特每天下班回到家里，就钻进旧棚子做引擎的研究工作。冬天旧棚子里很冷，他的手都冻紫了，浑身冷得发抖，但他还是坚定自己的信念。

亨利·福特在那个旧棚子里苦干了3年，这个异想天开的稀奇东西终于问世了。后来，亨利·福特决定制造著名的 V8 型汽车时，他要求工程师们在一个引擎上铸造 8 个完整的汽缸。工程师们听了都直摇头说："这不可能。"福特命令道："谁不想干，就走人。"工程师们谁都不愿失业，只好照着亨利·福特的命令去做。因为他们一直认为这是一件不可能的事，所以谁都没有把全部的精力投入工作中，谁也不肯相信他们会成功。6 个月过去了，研究毫无进展。

亨利·福特决定另外挑选几个对研制 V8 型汽车有信心的人去完成，他坚信人一旦有了稳操胜券的心理，并能为这一目标不懈努力，就有成功的希望。最终，新挑选的几个工程师经过反复研究，终于找到了制造 V8 型汽车的关键技术，实现了在一个引擎上铸造 8 个完整的汽缸的想法。

究竟是什么力量使 V8 型汽车从无到有呢？是什么令这"不可能"的设想奇迹般地变成现实呢？这就是人心理的无形力量在起作用，心理意识虽然是极小的"已知能量"，但是却成功激发了设计师们的创新意识。就像英国前首相丘吉尔说的那样："一个人若真的想成功，整个世界都会为他让路。"成功总是产生在那些拥有成功心理的人身上，失败同样会植根于那些不自觉地让自己产生失败心理的人身上。

世界上多的是成功人士，他们也不是生来就成功的，每个成功人士都是披荆斩棘一路走过来的。我们所知道的那些英雄、明星不比普通人更有运气，只是他们往往能比普通人多坚持最后 5 分钟。要想在这个世界上获得成功，就必须坚持到底，没有任何一次胜利是能轻易得来的。爱迪生为了能够成功发明电灯，他做过的实验就达数千次，如果他不是相信自己一定会成功，坚持把实验做到底，而是半途就放弃的话，那我们可能还要过很久一段时间才会用上电灯。爱迪生之所以成功，就在于他有坚定的信心、恒心再加上不懈的努力。

伟大领袖毛主席也说过：“世上无难事，只要肯登攀。”从青年毛泽东身上，我们可以找到答案。青年时代的毛泽东有着异于一般人的特质，他的心不受任何东西的束缚，而是执着于自己的理想，更重要的是他甘愿为他的理想承受重负。毛泽东有着果决的行动力，对生活抱着积极热忱的态度，有着行之有效的自律生活。正是他积极进取、毫不虚华、踏实努力、勇于登攀的态度，使他最终成为开国领袖，深得人民爱戴。

在日常生活中，有些人一旦遇到困难就退缩，就害怕，就认为自己不行，这样的人只会和成功擦肩而过。创业的路上时常会遇到难事，当它来临时，首先心态要好，积极面对，不言败、不放弃，那么再大的困难也可以解决。暂时的逆境和失败不是我们最大的敌人，而是磨炼自己的大好机会，最大的敌人是自己，是不敢相信自己，害怕困难。

著名影视明星史泰龙没有成名之前，为了找到在好莱坞主演一个角色的机会，遭到多次拒绝。在他一共遭到1300多次拒绝后的一天，一个曾拒绝过他20多次的导演终于答应给他一个当男主角的机会，让他演一集电视看看。史泰龙不敢有丝毫懈怠，全身心投入，他主演的电视剧创下了当时全美最高收视纪录——他由此进入影视界，成为一个享誉世界的影视明星。

如果史泰龙当初只是“想”成功，在茶余饭后做做明星梦，消遣一下，他就绝不会有今天。因为那样，他就不会付出，不会拼命。他的经历再次告诉我们：世上没有做不成的事，只有做不成事的人。

一个人倘若能忍常人不能忍之辱，吃常人不能吃之苦，必能做常人不能做之事。战国时的大纵横家苏秦用“锥刺股”所得的学识和“锥刺股”的精神意志，游说六国，终获器重，挂六国相印，声名显赫，开创了自己辉煌的政治生涯。

《孟了》中说：“天将降大任丁斯人也，必先苦其心志，劳其筋骨，饿其体肤，空乏其身，行拂乱其所为，增益其所不能。”拈轻怕重、好逸恶劳、安于现状的人怎么能胜任创业的大任呢？如何能够经得起商海的压力和波涛的冲击？如何能够在将来的创业路上取得成就？

亨利·福特“不相信世界上有做不成的事”，青年毛泽东身上所具有的“世上无难事，只要肯登攀”的精神，苏秦“悬梁刺股”的意志，均是我们适应当今时代的必备武器，更是我们实现梦想和追求的力量。

创业心态为先

作为创业者，我们该如何以良好的心态去开展自己的事业呢？有必要从以下这几个方面进行考虑。

1. 坚定信念，以自信、自主、自强而立

信念是我们的立足之本，只有坚定的信念，才能赋予我们创业的激情和不屈的斗志，缺乏信念的人只会前功尽弃，以失败而告终，因为没有信念的人不会具备持久的耐力，遇到一点困难就会后退，失去前进的勇气。同时创业中的自信、自主和自强更为重要，相信自己的能力，对未来充满信心，不幻想获得他人的帮助，不指望依靠他人获得一条捷径，在困境中自强不息，自己主宰自己的命运，主张成人达己的观点，

以独到的眼光辨机而为，断时而动，用行动证明自己的实力。但我们还是应该牢记：自信但不自负，自立但不孤势，自强但不欺人。

2. 时刻准备、把握机遇、做好计划

哈佛有句校训：时刻准备着，当机遇来临时你就成功了。这句话虽然简单，但它蕴涵着勤奋、机遇和成功之间的深刻辩证关系。人是机遇的产物，只有勤奋的人才能把握住机遇的到来，对于那些惰性者来说，即使有好的机会摆在面前，他也会失之交臂。当你已经把握机遇的时候，你就该认真地做好计划了，首先你应该做一个全方位的调查研究，掌握相关的第一手资料；其次你应该明确目标，避免盲目和冲动；最后也是关键是把计划实施到行动中去，空喊口号等于零，付诸行动才是真。

3. 诚信为先、道德为本、以人为主

诚信是一种美德，是一种情操，在商海尔虞我诈的时代尤其应该值得提倡，用道德的标准树立诚信的美德，尊重别人同样也会获得别人的尊重。以诚而立，以德服人，把持有度，方能在商潮的起伏中奠定根基。没有诚信你就不会赢取他人的信任，没有道德你就会遭人遗弃，所以一个人的自身素质必须是经得起考验的。靠坑蒙拐骗大敛不义之财，靠欺行霸市坐收渔翁之利，那么最终的结果就是遭到社会的淘汰。一个以诚信为先、道德为本的人，他将在创业的途中得到很多便于自己发展壮大的友好帮助。正所谓得道多助，失道寡助。

4. 勇于实践、勇于进取、敢于创新

实践方能出真知，进取方能显魅力，创新方能独占鳌头。创业中的实践是对我们经验的最好积累，在实践中我们才能发现自己存在的不足，才能明白我们在哪些方面还需要改进和学习。而进取则是一种精

神，不畏艰险，不惧成败，选择一条道路就有恒心进行到底，只有保持一颗积极向上的进取心，我们才能排出万难，坚定胜利的目标。那么创新又意味着什么呢？它告诫我们循规蹈矩、闭门造车、按部就班都是一种禁锢，我们必须拥有一种创新意识，在实践和进取中逐渐完善、创造自己的东西，树立自己的品牌。借鉴别人的固然重要，但在别人的基础上创新更加重要。

5. 保持良好的竞争意识

市场的竞争是激烈的，也是残酷的，竞争是经济浪潮中的一个显著特征，和自己竞争、和他人竞争、和时间竞争、和同行之间的竞争，竞争无处不在，无时不有。只有懂得了竞争的重要性，并善于在发展中竞争，才能在风云变幻的市场中获得生存之道。此外，强烈的竞争意识还可以带领我们在创业中更加具有上进心和无限的创业激情。如果没有了竞争意识，那你只能是随波逐流，安于现状，不会获得更多的发展和壮大。竞争需要我们在工作中注重细节，利用一切可用的资源（人力资源、网络资源、社会资源、媒体资源等）及时掌握竞争对手的动向，及时地在第一时间获取市场的需求信息，并能在遇到不同的危机时迅速做出调整和应变。总之，你无时无刻都要准备好面对一切可能发生的转变，始终走在对手的前面，走在竞争的前面，保持一种紧迫感，把竞争意识时刻铭记于心，方能获取更多的价值。

6. 明白自己的责任，加强责任感的培养

责任是灵魂和道德赋予我们的一种使命。不管你是自己创业还是为别人工作，你都必须有一种强烈的责任感，对自己负责，对他人负责，对工作负责，从细微之处体现一个人的人格魅力。只有具有高度责任感的人才能引起别人的重视和欣赏，所以我们一定要加强自己的责任感，把责任放到第一位。如果你放弃了这种责任意识，你就等于放弃了自己在社会中的生存机会。红军长征，不畏艰难险阻，不畏重重危机，依旧勇往直前，那是他们心中有一种解救人民于水深火热之中的责任感，为了完成共产主义的伟大事业，他们不怕流血、不怕牺牲，终于赢得了最终的胜利。据说在美国前总统杜鲁门的办公桌上有这样一块牌子上面写着“book of stop here”，意思是责任到此，不能身退。可见责任对于我们每个人是多么的重要，伟人尚且如此，我们还能对之漠视吗?

7. 协调自己的社交能力和管理能力

社会是一个大家庭，你的社交能力决定着你职业圈子的拓展范围。你如果想做到举止大方，言谈得体，左右逢源，那你就必须注重日常生活中的积累，懂得观察事物的发展变化，以便从中获取如何交往的信息。作为一个创业者，社交是不可缺少、不可避免的活动，政府、机关、单位、个人都是你交往的对象，所以你只有了解他们、透析他们，你才能和他们达成一致友好的协作关系。再者作为一个创业着，你的管理能力也要随时提高，并在工作中得到充分的发挥。一个优秀的管理着，他能使自己手下的员工各尽其职、适才适用，充分挖掘他们内在的潜能，调动他们的工作积极性。一个优秀的管理者，他更懂得如何去营造一个和谐的氛围，以带动所有员工团结一致，共同致力于发展之中。那么如何才能成为一个具有优秀社交能力和管理能力的创业者呢？我们必须在创业中不失原则、灵活机智，避免趋炎附势、口是心非，否则当别人了解你过后将不屑与你交往。只要我们将社交和管理进行有机的结合，适当地处理好人际关系、社会关系，给别人一个舞台，为自己留个空间，一切都会变得简单。

8. 加强学习，完善自我

学习在创业中是广义的，包括理财、技能、管理、决策、经营等多方面、多层次的学习内容。职场、市场、商海的风云变幻是起伏不定、难以预测的，只有卓越的思维、超强的能力和丰富的经验方能使你在激流暗礁中安然前进。因此我们必须在创业的道路上不断地提升自己的价值观念，培养竞争意识，并不断地学习新的知识来适应生存的需要。在知识经济时代的今天，落后只能意味着淘汰。行动起来吧，不要犹豫，置身于知识的海洋，你别无选择，加强自身的文化素质修养也是无可避免。相信求知无界，摒弃骄傲自大，用一颗谦逊的心去探索新的领域，想到的你就要学到，更要做到，当你一点点积累、一步步前进的时候，你会发现知识的力量真的是无穷无尽的，你也会更加完善起来。

9. 提高情商，端正态度

情商是创业者成功的重要因素。有调查研究表明，在众多的成功者之中智商的因素只占 20%，而情商的因素却占 80%。那么情商是什么？它是一个人调整心态的能力。在竞争激烈的社会商业大潮中，我们的无形压力会越来越大，常常会让我们疲惫不堪。只有懂得如何去释放潜在的压力，才能减轻心里的负担，让我们从容地面对一切。因此，我们就必须有个良好、端正的态度，保持戒骄戒躁的作风，排除偏执、自负的心理因素，方能适应社会节奏变化的需要。我们要保护自己，首先就得学会泄压，在创业中提高自己情商，让良好的态度和心理因素为我们的发展提供一个有力的保证。

10. 保留激情，创造奇迹

激情是一种调动人体每个细胞活跃起来的决定因素。具有激情的人，他将获得无穷的想象力和创造力。激情也最容易使我们在平凡中创造奇迹。不论我们是做什么的，心中都应该燃烧起创造奇迹的激情。

11. 改变自己

很多人想改变这个世界，但真正能够改变世界的人没有几个，即便成功人士也很难改变这个世界。事实上，那些成功的富人都是改变自己的高手。他们无一不是在改变了自己之后才取得成功的。富人都是紧跟时代改变自己的，他们赶在别人前面将自己改变了，所以最后成功了，而穷人则一直过着一成不变的生活，所以一直没能成功。

有两个聪明又好学的小孩，他们之中，一个非常喜欢绘画，天天无时无刻不在画画，希望自己将来长大之后成为一名画家；另一个则非常喜欢音乐，也是一直在学习音乐，梦想自己长大以后成为一名音乐家。可是造化弄人，想学画的小孩在十几岁时眼睛瞎了，再也看不到任何东西了；而想当音乐家的那个小孩却双耳失聪，什么也听不到了。两个小孩非常绝望，甚至都觉得没有活下去的必要了。正在他们绝望之时，来了一个老人，他告诉那个学画的小孩，你为什么不去学音乐呢，虽然眼睛什么也看不见了，但是耳朵还可以听得到声音啊。然后又告诉那个想学音乐的小孩，你为什么不去学习绘画呢，虽然耳朵听不见了，但是眼睛还可以看得到啊。两个小孩一听，顿时重燃生活的希望。从此那个想学画的小孩改去学音乐，而学音乐的小孩则转而去学绘画。因为看不见，所以耳朵便更加灵敏，学起音乐来更加专注；而因为听不见声音，便能不为外物所影响，更加专心于绘画。许多年后，他们之中，一个成为知名音乐家，一个成为备受欢迎的画家。

改变世界很难，但是改变自己很容易，成功地改变自己才能够取得成功。

很多成功者不断地转换行业，不断地改变观念的结果，是不断地取得成功。其实很多人当初在同一条起跑线上，但是几年后却发现，有的人成功了，有的人则在原地踏步，甚至失败了。造成这种差异的原因只有一个，那就是有人在不断地改变，有人一直裹足不前。

改变自己就会成就自己，不改变就只能失败。

模仿是创业的捷径

在提倡创新的社会环境下，一提起模仿，人们就对其痛恨不已。好像模仿就是一种罪恶，“山寨”就是不道德。可有的时候创新不一定能够成功，而模仿也许会让自己的成功之路走得更通畅、更快速。

其实，当前很多成功的企业都是靠模仿发展起来的，尤其是在互联网行业内。“别人出迅雷，它就出 QQ 旋风；别人出拼音加加，它就出 QQ 拼音；别人出百度知道，它就出 QQ 爱问……在中国互联网发展历史上，腾讯几乎没有缺席过任何一场互联网盛宴。它总是在一开始就亦步亦趋地跟随，然后细致地模仿，然后决绝地超越。”曾经，《计算机世界》一篇题为《“狗日的”腾讯》的报道在国内互联网业界掀起了轩然大波。

报道中提到了曾经广受欢迎的联众游戏如何被腾讯的游戏击败。目前，腾讯出手“杀毒”和“团购”领域，让在这些领域开拓的互联网业者心惊胆战。报道还分析：“腾讯为什么还不满足？一只企鹅为何如此贪婪？”文章引用某网络公司总裁蒋涛的观点：“腾讯的产品策略之一就是：所有的互联网应用，只要用户量到了一定级别，腾讯一定要有，别人的产品可以暂时比腾讯做得好，但腾讯绝不会让它不可替代。”文中跟风、山寨之类的字眼多处用到，对腾讯的态度就像是很多人戏谑嘲笑的一样：“一直在模仿，从未被起诉。”

腾讯公司立即对此做出反应，当天晚上便在公司官方网站上公布的一则《腾讯公司声明》中说：“《计算机世界》作为专业媒体，竟然在未对腾讯公司进行任何采访的情况下，用恶劣粗言对待一家负责任的企业，用恶劣插图封面来损害我们的商标和企业形象，造成极其恶劣的影响，更粗暴伤害了广大腾讯用户的感情。对于这种行为，我们严正谴责，并保留追究其法律责任的权利。”

腾讯之所以成为众矢之的，主要是因为它一直在“山寨”“跟风”，模仿其他公司的产品，然后通过自己强有力的平台去击败这些先行者，所以遭到了许多网络创业者的痛恨。其实有一些网络先锋，比如曾创立过校内网、饭否网的王兴在痛恨腾讯的同时，也应该反思到自己其实也是在模仿，校内网模仿了脸谱（Facebook），饭否网模仿了推特（Twitter），而他新近所谓被腾讯模仿的团购网站“美团网”其实也是模仿的外国网站。百度也在一定程度是模仿了谷歌，其他网站也很少有国内原创技术。

成功有时候不一定需要创新，尤其是当创新需要花费巨大的成本而自己也许根本不具备这个条件时，模仿更是一条捷径。

比尔·盖茨在华盛顿大学商学院的演讲中，曾对学生建议：“我不认为你们有必要在创业阶段开办自己的公司。为一家公司工作并学习他们如何做事，会令你受益匪浅。”他的意思就是说，人们在创业之前先去学习他人，模仿已经成功者的创业经验，这样会更容易取得事业的成功。模仿并不可耻，不成功才是可耻的。

准备是迈向创业成功的通行证

“思想有多远，路就有多远”，正如这句鼓舞人心的广告语所说，一个人能走多远，取决于他能想多远。一个人成功的程度，取决于他胸襟和眼界的广阔程度。放眼现实世界，世界首富比尔·盖茨、科学奇才霍金、香港华人首富李嘉诚、太平洋商学院院长严介和、阿里巴巴创始人马云、著名功夫演员成龙……这些人的辉煌和成功给我们留下很多思考：为什么他们能在众人中脱颖而出，创造奇迹呢？究其原因，就是因为他们身上具有一种东西——那就是与众不同的思路，独一无二、深刻独特的思想精神，所以他们改变了自身的命运，也改变了这个世界。

正确的思路、好的思路，可以影响和改变很多东西，甚至可以改变一个人、一个企业乃至一个国家、一个民族的命运。

现实是最英明的裁判。张瑞敏总结提出的“没有思路就没有出路”的思想理念，如今已经成为海尔集团的重要战略理念，这个重要的战略理念也是海尔独有的创新文化之一。正是在一系列科学而先进的创新观念的指导下，在20余年的时间里，海尔从一个亏空147万元的街道小厂，发展成为全球营业额上千亿元人民币的国际化大企业，20年走过了世界同类企业100年甚至更长时间走过的路。奇迹般的业绩，不仅使海尔成为国内企业中的佼佼者，而且成为世界企业中的佼佼者，创造了一个令世界震惊的“海尔神话”。

海尔还有一个思路——只有淡季思想，没有淡季市场。

七八月份是洗衣机的销售淡季，海尔经过市场调查分析得出结论：不是夏天客户不买洗衣机，而是没有合适的洗衣机。夏天要洗的衣服也就是一件衬衣、一双袜子之类的东西，用容量5公升的洗衣机，既费水又费电，非常不合算。据此，海尔开发了一种夏天用的洗衣机，是当时世界上最小的洗衣机，容量为1.5公升，而且有3个水位，最低的洗两双袜子也可以，这个产品一下子就在西方市场大受欢迎。从1995年开始生产洗衣机到现在，海尔的销量在全国始终排名第一，主要原因就是，海尔人的新思路创造了领先的产品，打开了洗衣机销售的新出路。对此，张瑞敏说："我们卖给消费者的，绝对不是一个产品，而是一个解决方案。"

在服务思路这方面，三联书店也颇有见地。三联书店始终以邹韬奋先生创办生活书店的宗旨——"竭诚为读者服务"为店训，强调经营管理，长期以"读者的一位好朋友"自视，早在1935年就开办了电话购书业务，以方便读者。三联书店之所以能吸引不同阶层的人士，除了自身的商誉之外，主要得益于它的服务思路、服务态度和服务水准。

三联书店的管理者和经营者深谙一个道理：在商战中，竞争对手之间以能否获得更多顾客青睐决定胜负。因此，他们始终在变化经营思路、服务思路。三联书店的服务融于整个店面中，自然、平和、贴切，令人宾至如归。比如，人性化的高度和宽度，让人平静、放松的背景音乐，对读者无为而治的管理方式等。这些服务措施将书店变成了沙漠中的绿洲，让都市人在喧闹中获得了宁静，享受到了自由，汲取了知识。调查显示，开发一位新客户，要比留住一位老客户多花5倍的时间。当客户的基本生活需求满足之后，客户期待的不仅仅是产品和价格，更重要的是服务和尊重。

美国一对青年夫妇在用奶瓶给婴儿喂奶时，觉得市面上出售的奶瓶太大，8个月以下的婴儿都无法自己抱住奶瓶吃奶。女方的父亲恰好是一家工厂烧焊产品的检查员，听到他们的抱怨，便顺口说，最好在奶瓶两边焊上瓶柄，婴儿就能双手抓着吃奶了。一句话启发了这对青年夫妇，他们设法将圆柱形的奶瓶改制成圆圈拉长后中间空心的奶瓶，投放市场销售。结果60天内卖出5万个奶瓶，开业的第1年就收入150万美元。不经意间的一个小小的思路，创造了一个不小的奇迹。一个小小的改变，一个新的思路，往往会得到意想不到的效果。我们在日常生活中，千万别失去思考力，要打开脑袋，创新思路，接受新知识、新事物。思路变，观念变，局势就变，结果自然大不相同。因循守旧、墨守成规，无论何时何地都没有前途。正所谓："要有出路就必须有新的思路，要有地位就必须有所作为，只有敢为人先的人才最有资格成为真正的先驱者。"

伟大的改革设计师邓小平有一句名言："思想再解放一点，胆子再大一点，步伐再快一点。"

在创业过程中，如果你要想开拓财路，不光要具备审时度势的头脑与眼光，还要能及时打破思想，提升意识形态，更新思路，在思想上创新。我们常说，有什么样的思路，就有什么样的行为；有什么样的行为，就有什么样的出路；有什么样的出路，就有什么样的命运，所谓"思路决定出路，出路决定财路"正是这个道理。

面临激烈的竞争，我们要勇于打破思维定式，学会发散思维、反向思维、动态思维、超前思维、系统思维，创造性地开拓市场，善于另辟蹊径，巧妙经营，以最快的速度赢得主动权，赢得胜利。市场经济的辩证法告诉我们：只有思路常新才有出路，才能适应不断变幻的时代，墨守成规、东施效颦的经营模式和思维定向在今天已经过时，成功总属于那些思路常新、不落俗套、富有创意、敢于创新、勇于实践的人们。

创业，认准行业是关键

创业初期，很多人都会因为资金紧张、经验不足而选择了小本创业项目。小本创业项目对很多初次创业者来说非常有优越性，无论是在投资多少方面、风险大小方面都具有优势。小本创业中，最为关键的是行业的选择，选对行业往往可以跟随着行业快速发展。一份权威统计结果显示，时下最具“钱”途的行业前五名依次为：健康概念、女性概念、教育概念、个性化概念、平价概念。有心创业者不妨多加了解。

1. 健康概念：赚钱速度快

由于水污染的日趋严重和生活水平的不断提升，人们的健康意识也在不断提高。目前，人们对生活用水、饮用水的健康问题开始逐步重视。然而，我国的自来水与发达国家相比，尚属低标准安全水。满足消费者健康饮水方式最直接的方式就是使用家用净水器，因为从根本上解决水质的二次污染问题的方式无疑是终端过滤，对饮用水的最后一个环节进行把关，净水器是健康饮水发展的必然趋势，将成为现代家庭必配的产品。

净水器在国外已成为普及率相当高的家用必备品，其中家用净水器的普及率高达75%。而我国家用净水器的普及率还不到2%，还有很大的市场发展空间。因此净水器被称为家电行业的最后一座金矿。

2. 女性概念：美丽产业兴旺

随着女性经济独立自主，消费力提高，很多产品纷纷以女性为目标市场。

全方位的美丽产业有赚钱机会，其中，瘦身美容产业尤为兴旺。根据调查，有高达70%以上的女性对自己的身材不满意，这是瘦身美容业有商机的原因。一般来说，其投资成本在10万元左右，但由于毛利高，多半在一年半内即可收回投资。

3. 教育概念：潜在商机巨大

父母在子女教育的投资上毫不吝啬，造就了儿童文教业市场的利好基础。而上班族也因为失业率攀升，求职压力加大，为加强竞争力积极培养第二专长，于是让成人教育业的商机浮现。

调查表明，儿童文教业的投入约在数十万元，由于其淡旺季的营收差异不大，净利在45%左右，因此多半在两年内就可收回投资。而成人补教则可分成两个概念：一是上班族培养第二专长的补习班；二是个人兴趣进修班，如插花、跳舞等。专业水平高的师资是制胜关键，只要打出口碑，生意就会源源不绝。

4. 个性化概念：赢得族群认同

个性化概念可分成两种：一种是商品个性化，如个性化吊饰、人像公仔、个性化印象等，满足个性消费群体潜在的自恋情结，因而产生商机。

另一种是店铺个性化，让消费者产生认同感。例如卖咖啡的星巴克、卖生活用品的无印良品、卖美容保养品的美体小铺等，就是具有店铺个性化的代表。

5. 平价概念：餐饮业易进入

以零售业态发展来看，越是高度文明的国家，平价概念的发挥越极致。另外，经济不景气，产业竞争日趋激烈，也是平价概念店盛行的原因之一。

整体看来，平价概念的创业业种、投资门槛以餐饮业较易进入。对于小本创业者，开店还是以低单价的餐饮最有赚钱机会。

早餐店与休闲饮品投资不大，一般在数万元、净利可达25%以上，半年可收回大部分投资，具有本小利丰、回收快的优势。现阶段不妨考虑以加盟的方式创业，因此挑选具竞争力的总部格外重要。

怎么盘活你的创业基金

“舍不得孩子套不着狼。”这是大家嘴边的话。因为无论做什么事，都要付出一定的代价，只有付出一定的成本，才能够获得一定的收益。

这种说法很有道理，但绝非真理。对有些成功人士来说，他们套住白狼用的不是孩子，而是空手，没有付出代价。舍得孩子去套白狼的人不一定能够成功，而那些空手去套白狼的人却往往取得了意想不到的收益，这就是成功者与失败者最大的差别。朱新礼便是其中的典型代表。

提起朱新礼，似乎没有多少人知道，但是提起汇源果汁则无人不知，无人不晓。朱新礼便是汇源果汁的创始人。人们之所以不像知道宗庆后一样知道他的大名，大概与其作风过于低调，很少在媒体上抛头露面有极大的关系。

朱新礼虽然作风低调，但是行事绝不低调，而且相当有胆识，从他的发家史便能看出。他原来是山东省沂源县的一名国家干部，官至县外经委主任。但是在1992年，他却突然辞职下海，冒天下之大不韪，毅然买下了当地一家亏损超过千万元的罐头厂。

其实他所谓的买下，只不过是一张兑现时限久远的期票。作为一个刚刚辞职不久的前国家干部，朱新礼根本不可能有那么多钱来购买这家工厂，但是他答应用项目来救活罐头工厂，养活原厂数百号工人，外加承担原厂450万元债务等条件，空手套白狼，成功地将罐头厂拿下。

朱新礼虽然成功地把厂子弄到了手中，但是自己没有钱，厂子里有的也只是债务，想要迅速扭亏为盈还是比较困难的。空手套白狼起步的他决定故伎重施，他的新办法是搞补偿贸易。所谓补偿贸易，是国际贸易的一种常用做法，在那个时代，这一做法在国内却鲜为人知，而且在相关法律方面也属于灰色地带。朱新礼大胆地通过引进外国的设备，以产品做抵押，在一定期限内将产品返销外方，以部分或全部收入分期或一次抵还合作项目的款项，一口气签下800多万美元的单子。朱新礼当时答应对方分5年返销产品，部分付款还清设备款。1993年年初，在德国派来的20多个专家、工程技术人员的指导下，朱新礼的工厂开始生产产品，步入正轨。

很多企业家在开始创业的时候都是身无分文的，但是创业没有钱是万万不行的。如何获得创业资金，对很多人来说都是一个难题。有的创业者能在没有钱的情况下做成自己想做的事，而有的人则因无能为力而不能为自己的创业找来资金。朱新礼成功地做到了，他通过这种“空手套白狼”的方法，成功地将厂子盘到了自己手中，开始了奋斗的征程。想要成功必然要冒极大的风险，有的人孤注一掷把自己的身家性命押上作为筹码，而有的人则像朱新礼一样，做起了看似无本万利的买卖。当然他的做法也是要冒着一定的风险的，至少他要承担起把企业扭亏为盈，养活数百名工人，并且把债务偿还上的责任。

如今，这种“空手套白狼”的做法被称为资本运作，但在当

时却是禁止的。如此操作，对朱新礼来说，于公于私，也都担着极大的风险。

此后朱新礼的事业便一帆风顺，他的企业汇源果汁也一步步走向成功。

如今，汇源已成为国内最大的果汁生产厂家。

从朱新礼的起步到后来的发展来看，他使用的是一套“空手套白狼”的手法。这种手法不能说是违法的，但是至少在当时来说是不符合某些规定的。朱新礼正是大胆地抓住时机，空手套白狼，为自己的事业成功挖掘到了第一桶金。像资本主义国家的企业家一样，有很多成功人士在创业之初总会留下一些看似不太光彩的痕迹；而正是因为有这些不太妥当但又没有对他人造成危害的经济行为，为他们的成功开启了大门，使他们为自己创建财富帝国的梦想成为可能。

谨慎创业， 轻松赚钱

创业是很多人的梦想，在这个裁员不断、动荡不安、风云变幻的世界里，从长远来看，创业是生存和发展的最佳武器。但何时开始创业，创业要解决哪些问题？笔者建议：创业，想好了再干！

1. 创业环境

在我们决定将自己口袋里的钱投入到浩瀚的市场波涛前，我们必须先分析我们所处的创业环境。我们可以从以下几个方面来分析我们正处的环境。

（1）政治。中国政局稳定。2008 年的奥运会和 2010 年的世博会，中央建设和谐社会的政策给创业者提供了前所未有的宏观政策环境。为鼓励、促进创业，国家出台了一系列相关政策。地方为推进创业，也采取了相关措施，如建设中小企业创业基地、创业园等。同时，全民医保解除了创业者的后顾之忧。

（2）经济。中国的国内生产总值（GDP）以 11.6% 的速度增长，货币流动性过剩，中央多次调高银行准备金和存款利率以抑制通货膨胀。中央采用稳健的财政政策和从紧的货币政策，会在一定程度上给创业者的融资行为产生冲击。在通货膨胀后，由于工人的期望工资提高，在加薪后，企业的劳动力成本提高，企业的利润下降，更多的企业资金链可能断裂，而有可能进入通货紧缩的阶段。

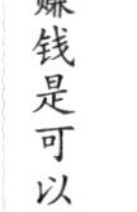

（3）社会。价值观在改变，大锅饭和在一家企业从一而终的事实已经成为历史，对于创业者，社会有更高的宽容和更多的尊重，同时也有更高的期望，新的劳动合同法要求创业者承担更多的社会责任和对员工的责任。

（4）技术。互联网 2.0 将极大限度地改变传统行业的商业模式，互联网 2.0 下高科技创新商业模式可以让你的企业在低投入的情况下快速实现现金流，最大限度地规避商业风险，实现虚拟整合和延迟效应下的无缝整合。

总体来说，我们所处的环境是机遇和挑战同在，风险与希望并存。互联网将极大限度地改变传统行业的商业模式，掀起一场前所未有的创业革命，而这场创业革命有独一无二的特点：拥有有准备的头脑的普通人是主角，而拥有相当知识和技能以及一定资金实力的一个群体，更将成为互联网环境下的创业主角。但创业的进入时机很重要，需要自觉意识和最清醒的现实主义，需要承担责任的勇气和能力。

2. 创业投资的禁忌

创业投资是一种投资活动，由于它是特定的“具有风险的投资”，因此，决定创业投资必须要谨慎而行之。盲目的结果只能是惨不忍睹，以下是几个创业投资的禁忌，希望引起你的注意。

（1）寻求过度弱小的合作伙伴。创业者在寻求合作伙伴时一心追求话语权，但软弱的合作者却可能在你需要时，不能给予你及时和有力的帮助，反而有可能使一些更强大的潜在合作伙伴却步不前，弃你而去，使你丧失更多的机会。

（2）小马拉大车。投资者应从风险与收益平衡的角度考虑企业的投资导向，选择合适的投资项目，并且将投资规模控制在适度的范围内。在具体投资时，应将资金分批次、分阶段投入，尽量避免一次性投入，应留有余力，以防万一环境变化，风险发生，手中再无资金可以周济，以致满盘皆输。

（3）心急豆腐热。创业者在初涉投资时，易受眼前利益驱动，而忽视长远利益，采取急功近利的短期行为，这样做虽然能够使企业一时获利，却丧失了长远发展的后劲。投资是一项系统工程，创业者要克服急功近利的思想，更不可杀鸡取卵、涸泽而渔。

（4）不愿寻求投资合作伙伴。创业者在投资活动中，既要讲独立，也要讲合作。适当的合作（包括合资）可以弥补双方的缺陷，使弱小企业在市场中迅速站稳脚跟。如果创业者不顾实际情况，一门心思单打独斗，就很有可能延误企业的发展。

创业，爱拼“财”会赢

所谓勇气，就是那种明知会招致自身的损失和失败，也要与强大的力量对抗的气概。人生中总要经历一些风雨、承受一些坎坷，没有勇气的支撑，我们很难想象自己会坚持到底。

商海无情，在商海里遨游的商人更需要不同于别人的勇气和胆量，每一个成功者都是在无数次的厮杀和搏击中走出来的，要想获得事业的突破和发展，就免不了竞争，免不了要遭遇到强敌。面对强敌和压力敢于面对，不后退、不屈服，这是中国商人的魂魄。

“狭路相逢勇者胜”，这是军人出身的华为掌门人任正非经常挂在嘴边的一句话，也是华为“狼性”精神的精髓。狼是一种让人畏惧、讨厌的动物，极少有人愿意与狼相提并论，但是华为却自诩为狼，任正非带领着华为狼群，与市场中的豹子、狮子拼杀，屡建奇功，将企业的狼性表现得淋漓尽致。

华为最初的注册资金仅 2 万元人民币，是一家不起眼的民营小企业，在 2001 年的销售额就高达 255 亿元，荣登电子百强前 10 位，成为世界级通信设备供应商。华为进入通信领域在我国不是最早的企业，当时与它一起打天下的其他企业早已销声匿迹，但它以咄咄逼人之势迅速发展成了该领域的强者，凭的就是狼一样顽强的生存能力和斗志精神。

军人出身的任正非经常和员工讲毛泽东、邓小平，谈论三大战役、抗美援朝，而且讲得群情激奋，他希望华为的员工要有狼的精

神，要有敏锐的嗅觉、强烈的竞争意识、团队合作和牺牲精神，他要求华为的员工发扬“狭路相逢勇者胜”的精神，在考验和打击面前，迎难而上。

2005年，美国《时代周刊》评选出影响世界的100位名人，华为科技公司总裁任正非是20位“商界巨子”中唯一入选的中国人，从一个侧面说明了华为的成功已为世界所认可，华为今天的成就让人望尘莫及，就已经证明了这种“狼性”和勇气的高明之处。

勇敢是一个商人取得成功的必备素质，商机无时不有，无处不在，但当机遇临门之时，是否能抓住，关键就取决于胆量和勇气了。勇敢不是瞎撞乱闯，而是以自身知识和经验为后盾，凭借高屋建瓴的远见卓识、果敢迅猛的冒险精神，当机立断地做出决策并付诸实施。

司马迁在《史记》中对经商祖师白圭的描述是“趋时若猛兽鸷鸟之发”，形容他捕捉商机像猛虎扑食、雄鹰捕兔般。

事实证明，那些不怕失败、具有“狼性”、敢于战斗的人，最终都会从茫茫商海中厮杀出来，成为某个领域的强者。如任正非、邱德根、胡雪岩、马云、李嘉诚等商界巨子。

邱德根是香港华人圈内能同“广东阔佬”对垒的“上海阔佬”，他在香港拥有的财产总值超过20亿港元。邱德根信奉的经商之道是：知其不可为而为之。邱德根当年做影剧业起家，在酒店、银行和地产业功成名就，到了晚年，即他60岁以后，又杀回影剧业重图发展。邱德根的子女们反对他再搞影视业，认为他年事已高、精力不济，是不可能在影视业玩得转的。邱德根偏不信这个邪，并且说干就干，很快收购了香港电视台，他将其更名为亚洲电视台，自任董事会主席，网罗一批人马，同邵逸夫的无线电视台唱起了对台戏，拍摄了《霍元甲》《陈真》《霍东阁》等风靡大陆内地及东南亚各国的电视连续剧，“亚视”一炮打响。

印尼华侨林绍良则凭着天大的胆量，大胆支持印尼人民对荷兰的独立战争，向印尼军队出售药品，冒着身家性命的风险，奠定了林氏集团的资产根基。台湾王永庆在 20 世纪 50 年代毅然决定投资被工商界不看好的酚胶业，以明知山有虎、偏向虎山行的能力和魄力，造就了一个塑料王国。这些事例都说明，凡是取得成功的商人都是那些决策大胆、行动果敢迅速、目标宏伟远大的人，勇敢地把握机会才能成功。

商界奇才，并不一定都拥有高智商。创造自己的财富人生，最关键的是要有冒险精神，人生的成长就像攀登一座山一样，而找山寻路却是一种学习的过程，这个过程中，学习笃定、冷静，学习如何从慌乱中找到生机。

无论在什么时代，如果没有敢于承担风险的勇气和胆略，都是成不了气候的，而大凡成功的商人、政客，都是具有非凡胆略和魄力的人士。无论是退学去捣鼓软件的比尔·盖茨，还是创建门户网站的张朝阳，无论是辞掉公职去乡下搞养殖的刘永好兄弟，还是有官不做借 5 万元钱去搞软件的王文京，他们都在并非“万事俱备”的情况下，迈出了事业的第一步。事实上，在很多时候，风险和机遇、成功都是并存的，危险越大，蕴藏的商机也越大。现实中很少有人不想有所作为，成就一番事业，但是又很少有人愿意承担成功过程中的风险。一个人如果可以摆脱失败带来的恐惧感束缚，摆脱风险带来的心理压力，就可能迸发出连他自己也想不到的潜能。不愿担风险的人就永远超脱不了平庸，永远得不到想要的财富。要想成为一个成功的商人，必须具有视风险为游戏的胆识，也就是冒险精神。通过冒险来取得的成功，获得财富，才能使人更喜悦。

敢于冒险、敢想敢干及当断则断才是商人应有的作风。人也只有在险境中，才能把自己锻炼成一个有胆量的人，在绝处的险境里转危为安，找寻到生机，求得财富。从一定意义来说，不管你从事什么职业，做什么事情，都要承担一定的风险。如果你惧怕风险，那么你永远不会拥有财富，不会成功。强者从来就不惧怕风险，他们视风险为游戏，视风险为乐趣，当然，他们同时也得到了丰厚的利润。

电视连续剧《亮剑》的主人公李云龙说："面对强大的对手，明知不敌也要毅然亮剑。即使倒下，也要成为一座山、一道岭。"这种亮剑精神就是对"狭路相逢勇者胜"的最好见证。

从"破釜沉舟"到"置之死地而后生"，说的都是同一个道理：做任何事，只有把自己的一切退路截断，全力以赴，才可能获得成功。但凡成就大事业的人，莫不顶着巨大的风险，有时甚至是提着脑袋上阵，最后才成为大赢家的。做生意、做人都是如此。

面对困难和挫折，只有迎难而上，才能赢得成功。人生需要机遇，更需要抓住机遇的勇气和眼光，相反，不少人却因为担心风险，瞻前顾后而错失机会，让财富白白从身边溜走。

所谓"狭路相逢勇者胜""态度决定人生成败"。很多时候，人往往是被自己打败的，当我们苦恼自己没有社会关系时，当我们感叹财富与自己无缘时，当我们抱怨运气不好时，当我们苦恼缺乏发展资金时，我们不如冷静地审视自身是否具有成功的激情和意识，毕竟，很多时候，我们缺少的并非是资金和机会，而是敢于"亮剑"的勇气。人生与世界的竞争有时如同作战，只有勇者才能立于不败之地，任何胆怯、退让、畏缩，都会给对手以可乘之机，使决策出现失误，使事业蒙受损失。那种“知其不可为而为之”“明知山有虎，偏向虎山行”的血性和勇气，才是一个强者应该具有的气势。

人生不是儿戏，成功也不是一蹴而就的，在激烈的社会竞争中，要想逐渐实现自己的理想，实现自己发财致富的目标，只靠勇气是不够的，因为勇气不是万能的。必须积极学习努力提高自己积累各种资源，逐渐扩大自己迈向成功的资本，这样才可以实现最终的人生目的。

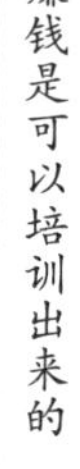

如何赚到你的第一桶金

在人的一生中，第一桶金不仅仅是自己最初拥有财富的结果，更重要的现实意义是自己拥有了一种精神，一种示范，一种激励。“人生最重要的是第一桶金”，这是许多西方发达国家都崇尚的格言。

因为第一桶金是创业成功的标志，是积聚财富的开始，是通往成功之路的起点与转折点。会赚第一桶金的人必定会在财富之路上一步步走向辉煌。

无论是在国外还是国内，许多创业成功者的经验已经告诉我们，靠最初掘到的第一桶金作为激励自己的资本，找到自己的发展空间，就能闯入创业的突破口，发家致富。

原始积累是白手起家者必然经历的创业阶段，这往往是创业者最艰难的岁月，所以，如何赚到手里的第一桶金，创业者不仅要有坚定的信心，还要有足够的耐心。

大家所熟知的“卖水大王”宗庆后，将一个只有几个人的小作坊发展成为拥有多个知名品牌的商业帝国。那么，他又是怎么赚到他人生中的第一桶金的呢？

资料显示，宗庆后的宗族曾显赫一时，他的祖父曾在张作霖手下当过财政部长，爸爸则在国民党政府任过职工。待到新中国成立之后，家庭变得异常贫穷，爸爸没有工作，只靠做小学教师的妈妈一份菲薄的工资度日。

1963年宗庆后到舟山马目农场插队，每天挖盐，晒盐，挑盐。在农村，宗庆后待了15年。在那段时间，他读得最多的是《毛泽东选集》。1978年，跟着知青的大批返城，33岁的宗庆后回到杭州，在校办厂做推销员，10年里郁郁不得志。待到他决心创业时，已是一个42岁的缄默沉静的中年男子。创业前期的条件非常艰苦，可以说是自食其力。宗庆后从校工作司借了14万元钱，也不敢全部用完，只用了几万元钱，简略地粉刷了一下墙面，买了几张简易的工作桌椅，就开张了。作为校工作司经销部，首先要为校园做好效劳。所以任何时分，只要接到校园电话，不管是刮风下雨仍是酷日盛暑，宗庆后都会立刻蹬上三轮车，走街串巷把冰棍送到校园去。“一根冰棍4分钱，卖一根只赚几厘钱。”赢利尽管菲薄，但宗庆后坚信付出总有回报。随着时间的推移，宗庆后的业务范围也越来越广，开始为别人代加工商品。到年底一算账，居然有了十几万元的进账。没有自个的商品，终究不是长久之计。第二年，宗庆后与人协作，成功开发了归于自个的商品——娃哈哈儿童营养液。没想到投放市场后一炮打响，订单雪片般的飞来，商品求过于供。到1991年，娃哈哈的出售已过亿元，宗庆后赚到了第一桶金。

与宗庆后不同的是，原爱必得创始人、现北大天正总裁黄斌是在中关村赚到他的第一桶金的。

1993 年 6 月，黄斌就在中关村与人合租了一个小门面做攒机的生意，当时黄只有 3000 元钱的本钱。开始时因为不熟悉情况，第一笔 20 多万元的生意就做赔了。当时长春来了一个用户买机器，黄斌报了一个价，用户很惊异，觉得在中关村能找到这么好的价格，而且服务也不错。谁知是黄斌把价格报错了，等接单后，准备大干一场时，黄斌才发现自己是以低于成本价来报价的，算下来这单生意要亏 1 万多元。黄斌当时面临两种选择：要么告诉客户算错价格，要求加钱；要么找个借口，推掉这笔生意。

在仔细权衡之后，黄斌以做生意一定要讲信誉说服自己，咬着牙把这笔单子做下来。谁知这一来倒成全了他，真是塞翁失马，焉知非福。这个长春客户没想到在中关村还能找到那么便宜的机器，而且质量、服务都不错。大概 1 个月后，这位东北老哥就又下了个 100 台的单子。那时中关村电脑配件的行情也像现在这样变化多端，配件价格降下来后，这 100 台的单子做完，黄斌平白赚了十几万元。到 1993 年年底，短短半年时间，黄斌就赚到了 50 万元，获得了自己的第一桶金。

从很多成功人士的发家史中，我们可以发现这样一个道理：往往创业者是在偶然的机遇下抓住了掘金的机会。首先，创业有时代发展的大背景，中国改革开放提供的市场机会；其次，产业竞争有其规律性和空白点，产业链上的资源整合必然有其机会；最后，发展蓝海的创业者普遍善于借助外力。除此以外，创业者的个人素质，包括学历、经历、胆

识也是创业成功的关键。

培训实操

七大要领让你的财富暴增

1. 先让你的钱包鼓胀起来

每放进钱包里10个硬币，最多只能花掉9个，这样，要不多久你的钱包就会鼓起来，它的重量日渐增加，握在手里你会觉得很舒服，你的灵魂也会感到满足。

这话听起来太简单，也许会引人发笑。但这是一个奇妙的真理，当我控制我的支出不超过所得的9/10，我的生活仍然过得很舒适，但攒钱比以前更容易。这分明是上天赐给人的真理：钱包经常瘪着的人，金子是不会进他的门的。

2. 为你的开销做预算

每一个人都承载着他们的能力所无法满足的诸多欲望，你只能满足其中的很少一部分。只要仔细研究，分析你的生活习惯，你就会发现，有一些你曾经认为必不可少的开销，其实恰恰可以免除或减少。把钱花在刀刃上，把你花钱的效率提高到100%。

将确实有必要的支出选出来，然后从钱包里取出9/10的钱去支付，划掉其他不必要的，因为一味地放纵欲望，只会助长你的贪婪，终将后悔莫及。

3. 利用好每一分钱

装满金子的钱包令人满足，但它也许造就的只是一个吝啬鬼、守财

奴，不会有别的意义。我们从自己的收入当中存下来的金子，只能算是个成功的开始。这些储蓄所赚回来的钱，才是建立我们的财富的基础。

让每一分钱，都如同农田聚积作物一样，反复利用生出利息，为你带来新的收入，这样财富就源源不断地流入你的钱包。

4. 谨慎投资，避免损失

一旦拥有了金子，人们就可能受到看似可行的投资机会的试探。

在你借钱给别人之前，最好调查一下借钱的人是否有偿债的能力，信誉如何。做任何投资，你都要事先彻底了解一下那项投资是否要担风险。不要过分相信你拥有的所谓智慧，找经验丰富的人多商量。他们愿意免费提供这类建议，实践证明，这些建议真正的价值就在于能保你不受损失。

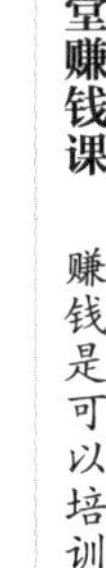

5. 拥有自己的房子

一个人只要真心渴望拥有自己的房子，就不可能达不成心愿。假如你能拟就一个购屋计划，提出一个相对合理的数目，你完全能借到钱，支付那些地产商。

房子落成，你付钱的对象由过去的房主，变成了现在的银行。你每一次分期付款后，债务就少一些，几年之后房产便会是你的了。

一个男人一旦拥有了自己的房子，便是得着了无边的幸福。他的生活费用将大大降低，余出的钱可以用来享受更多的人生乐趣，并满足他渴望实现的欲望。

6. 为未来生活做准备

一个人有很多方法可以确保未来的生活无忧无虑。有的人找一个隐秘的地方，偷偷把财宝埋藏在地里；也可以买几栋房产或几处地产准备养老，假如选对了将来有可能升值的房地产，他们将永久从其中获取利润；也可以把小额的钱存入银行，并定期续存增加数额。长期的小额定期存款，会使你的将来有所保障。

7. 提高你的赚钱能力

想成为有钱人，首先要有赚钱的愿望。这愿望务必非常强烈而且明确。在积累财富的过程中，不要嫌钱少，先从小数目开始，逐渐赚得多一些，总有一天能赚得更多。

所有懂得自重的人，都应该做好这样几件事：尽可能地还清你欠下的债务，不买你的购买力达不到的物品；尽全力照顾好你的家人，让家人总是赞赏你，时常想到你、提起你；活着时就立好遗嘱，让你的财产能按照你的意愿得以适当的分配；关心那些频频遭受厄运，屡受打击的人，适度地帮助他们。这样一来，你会踌躇满志地为实现你的愿望而奋斗，并使自己的赚钱能力获得提升。